中国工匠 匠心木竹 丛书

中国竹建筑

徐华铛 费本华 著

北京工艺美术出版社
中国林业出版社

铜鉴湖亭　杭州灵山铜鉴湖景区

图书在版编目（CIP）数据

中国竹建筑 / 徐华铛，费本华著 .-- 北京：北京工艺美术出版社，2022.12
（中国工匠·匠心木竹丛书）
ISBN 978-7-5140-2157-8

Ⅰ．①中…　Ⅱ．①徐…②费…　Ⅲ．①竹结构－建筑设计－介绍－中国　Ⅳ．① TU366.1

中国版本图书馆 CIP 数据核字（2022）第 255310 号

出 版 人　陈高潮
总 策 划　徐小英
策划编辑　杨长峰　高　岩　沈登峰　李　伟
设计总监　赵　芳
责任校对　冯淑泰　梁翔云
责任印制　王　卓
法律顾问　北京恒理律师事务所　丁　玲　张馨瑜

中国竹建筑
ZHONGGUO ZHU JIANZHU
徐华铛　费本华　著

出　　版　北京工艺美术出版社
　　　　　中国林业出版社
发　　行　北京美联京工图书有限公司
地　　址　北京市西城区北三环中路 6 号
　　　　　京版大厦 B 座 702 室
邮　　编　100120
电　　话　（010）58572763（总编室）
　　　　　（010）58572878（编辑室）
　　　　　（010）64280045（发　行）
传　　真　（010）64280045/58572763
网　　址　www.gmcbs.cn
经　　销　全国新华书店
设计制作　北京涅斯托尔信息技术有限公司
　　　　　洛阳臻萃佳作文化传播有限公司
印　　刷　河北环京美印刷有限公司
版　　次　2022 年 12 月第 1 版
印　　次　2022 年 12 月第 1 次
开　　本　889 毫米 ×1194 毫米　1/16
印　　张　12
字　　数　255 千字
照　　片　约 310 幅
定　　价　235.00 元

《中国竹建筑》编审委员会

《中国竹建筑》编写组

著者：徐华铛　费本华

摄影及照片提供者：（按姓氏笔画排序）
刘　玉　刘　兵　刘媚娜　孙茂盛　李学文
吴　秘　何素梅　何瑞芳　汪育锦　宋　宇
赵　芳　费本华　徐小英　徐华铛　高　英
崔　伟　曾伟人　路　盼

云隙　四川省江安县长江竹岛

前言
宁可食无肉 不可居无竹

竹之气节，宁折不弯；
竹之性格，凌霜傲雪；
竹之毅力，坚忍不拔；
竹之仪态，挺拔修长；
竹之襟怀，虚心自持。

“宁可食无肉，不可居无竹。无肉令人瘦，无竹令人俗。”这四句诗出自宋代大文豪苏东坡的《于潜僧绿筠轩》，意思是说：宁肯不吃肉，住的地方也要有竹子做伴。没有肉吃，不过让人消瘦；倘若没有竹子相伴，就会让人变得庸俗。

苏东坡很喜欢竹子，北宋熙宁六年（1073 年）的一个春天，苏东坡出任杭州通判时，从富阳、新登，取道浮云岭，进入于潜县境内“视政”。于潜归属于今浙江省临安市（今临安区），县城的南面有座“寂照寺”，寺的住持僧名孜，字慧觉。寺内有幢“绿筠轩”的建筑，以竹点缀环境，十分幽雅。苏东坡与住持僧慧觉同游绿筠轩，观赏着竹子，有感于怀，写下了这首《于潜僧绿筠轩》。

竹子，备受中国人喜爱，人们自古就称梅、兰、竹、菊为“四君子”。而竹子除了和松树一样“四季青翠”，和梅树一样“昂枝傲雪”，和菊花一样“高洁凌霜”，还有“日出有清荫，月照有清影。风吹有清声，雨来有清韵”的四趣，更有一种质朴无华、宁折不弯的高风亮节。竹子不嫌土壤的贫瘠单薄，在那无可耕作的河岸堤边、山坡陡壁，筑成一道道绿色长城，不仅固土防冲，而且还挡住了狂风恶浪。竹子不管受到多大的磨难，甚至被斩去竹秆，掘掉竹鞭，它依然有深深埋在地下的竹根，在吮吸着大地的乳汁。待到来春，它的新笋就会破土而出，抽枝舒叶，更是葱郁苍翠，生机勃勃。

山有竹，则山更青；水傍竹，则水越秀。竹子以其“依依君子德，无处不相宜”的超凡风韵和高雅情趣，形成独特的景观，在园林布局中一直占有重要的位置。而竹制艺术家们直接把竹子当作建筑材料，运用到园林中，最大限度地发挥竹子的材质美感，使其和自然景观和谐地融合在一起，引起了国内外园林界、建筑界、旅游界人士的极大关注。

四川江安竹艺工坊贵宾厅

我国竹的形态各有千秋，竹秆、竹节和竹叶也各具风韵。有的竹秆粗壮挺拔、高耸入云；有的竹秆纤柔细弱，高不盈尺。有的叶片硕大，长有尺余；有的叶片窄小，如丝似羽。秆茎的颜色或绿，或黑，或黄，或紫，或粉绿；秆茎的形状有圆有方，有空有实。竹的种类繁多，以外观命名的有：形体高大的毛竹，秆茎略呈方形的方竹，秆面犹如点点泪痕的斑竹，枝叶婀娜如凤尾的凤尾竹，蜿蜒曲折犹如龙蛇飞舞的藤竹，节间突兀隆起如弥勒佛肚的佛肚竹，竹秆纹路清晰如龟甲的龟甲竹，竹节犹如人面的人面竹……竹种之多，难以尽述。

竹之气节，宁折不弯；竹之性格，凌霜傲雪；竹之毅力，坚忍不拔；竹之仪态，挺拔修长；竹之襟怀，虚心自持。竹的精神、竹的风韵、竹的艺术，显示了中国光辉灿烂的竹文化，也显示了中华民族的情操和风采。

竹子，超凡脱俗，是历代文人雅士的钟爱之物，他们不仅在自己的居住地，植以清新高雅的修竹，以明心迹，而且用竹子建亭台楼阁，并在室内用竹子进行装饰。人们在用竹子建筑、装饰的亭楼中，凝望云烟起落，聆听江水澎湃，感受清幽静谧、辽阔绵远的意境。这本《中国竹建筑》讲述的便是与竹子建筑、装饰有关的历史、文化与艺术。

圆竹亭　宜宾高桥竹村

海口市全竹结构建筑文化礼堂

序

精雅的技艺 独有的诗意

马广仁

竹建筑是中华民族的一门精雅艺术。

千百年来，传承悠久、技艺高超的中国竹子艺匠，利用各种竹材，灵巧创制了竹楼、竹亭、竹廊等不同造型的竹建筑。而且，在这些精巧细腻、粗犷豪放、瑰丽多姿、典雅古朴的竹建筑内，竹子艺匠们采用竹竿、竹节、竹段相镶接，装饰墙体隔断、门框扇棂以及编织屏风等，让竹的精神弥漫于建筑之中，记载着或典雅，或精巧，或古朴的竹子文化，勾勒出竹子特有的风雅与诗意，美不失雅，土不落俗，衬托出一个别具一格的世外桃源。

2018 年，中国林业出版社与北京工艺美术出版社强强联合，大力弘扬工匠精神，组织编写的"中国工匠·匠心木竹"这套丛书，是一个

杭州花港观鱼公园 竹长廊

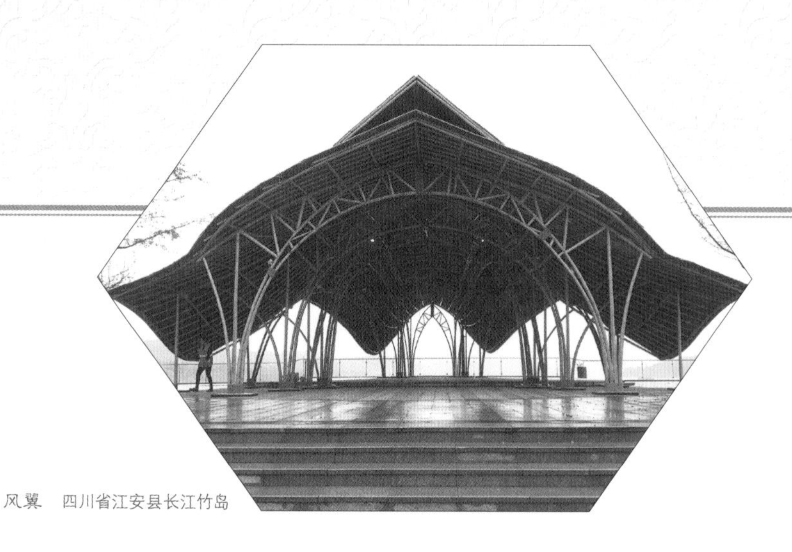

风翼　四川省江安县长江竹岛

十分好的选题。策划者把《中国竹建筑》列入这套丛书中，并邀请著名文化学者徐华铛先生担纲著述，是一个很好的举措。

华铛先生原在我国一家著名的竹编企业搞设计研究工作，对竹编艺术有很深的造诣，对竹子建筑也有深入的研究，担纲设计过不少竹建筑及室内竹装饰，在横店影视城、绍兴柯岩旅游区等都留下了他的竹建筑竹装饰设计成果。更令人称道的是他的钻研精神，他在从艺 50 年特别在退休后的 18 年间，编著了《中国竹艺术》《中国竹编艺术》《中国竹刻竹雕艺术》等数十种竹木方面专著，先后在高等教育出版社、人民美术出版社、中国林业出版社等十多家出版社出版发行，总字数 800 余万，插图 15000 余幅，真正达到著作等身。数十年来，华铛先生以书为媒，被上海、杭州的一些高校聘为客座教授；还被横店影视城、上虞旅游局聘为设计艺术顾问。

我与华铛先生相识在 1996 年初冬。当时，中国工程院院士张齐生与浙江省林业厅厅长程渭山一起主编《中国竹工艺》，邀请我和华铛先生担任副主编，使我们有缘相识。该书出版后广受海内外读者欢迎，初版很快告罄，再版任务就主要由华铛先生承担了起来。为此，他多次赴四川、浙江、福建等竹工艺发达地区考察和收集资料，对全书充实文字和补充图片，使再版后的《中国竹工艺》升华到新的高度，从中也使我领略了他在著述方面的才华。

这次，华铛先生为宣传推广绿色环保的传统竹建筑，大力弘扬工匠精神，再一次扬起风帆，与费本华研究员一起共同承担了组织著述《中国竹建筑》的任务，难能可贵。

《中国竹建筑》共分历史篇、技艺篇、造型篇、装饰篇和鉴赏篇五大部分，较完整地阐述了中国竹建筑的历史渊源和竹建筑风貌，是首部系统介绍中国竹建筑的专著，具有重要的出版价值。在这部书稿完稿之际，本书策划人徐小英编审特地邀我为书作序，我欣然应允。

现在，书稿已到我的面前，我有幸先睹为快。全稿丰富的内容和精美的图片令我感动，华铛先生以冥冥之志，得昭昭之明，又做了一件有益于竹子利用和竹业发展的好事，我愿撩起这本书的帷幕，与读者一起去品味中国竹建筑的艺术风采。是为序。

2022 年 11 月于海南

（马广仁，系原国家林业局国家森林防火指挥部专职副总指挥，中国湿地保护协会副会长、秘书长）

目 录

历史篇

泰山祖师开新河，
古诗文中觅遗珠。

凉亭　杭州植物园

中国是世界上竹子资源最为丰富的国家，素有“竹子王国”的美誉。千百年来，竹子在我国文化、艺术和生活中，一直占有着极其重要的地位，竹子渗透到了人们的物质和精神生活的方方面面，积淀成了源远流长的中国竹文化，这是最具有中国特色的文化之一，也是中华上下五千年华夏文明的一个独特象征。宋代大文豪苏东坡痴迷于竹，他曾在《记岭南竹》中说：“食者竹笋，庇者竹瓦，载者竹筏，爨者竹薪，衣者竹皮，书者竹纸，履者竹鞋，真可谓一日不可无此君也。”苏东坡先生指的虽是岭南的竹，但也道出了他对竹的一片深情。在中国竹文化中，深得人们青睐的便是竹建筑，苏东坡先生指的“庇者竹瓦”是指房上盖的竹瓦，可见竹建筑在宋代已十分流行。

据有关文献记载，竹建筑的历史十分悠久，早在新石器时期，云南西双版纳的傣家竹楼便开始出现。英国著名中国科学技术史专家李约瑟指出：商代时期的人们就已经知道了竹子的多种用途。然而，关于竹建筑的记载极少，再加上竹子易蛀易霉，竹建筑的使用寿命最长超不过50年，能够保存流传下来的实物极其罕见，因此，要探寻竹建筑的历史足迹十分困难。现在，让我们轻轻地拨开历史迷雾，细细地察看古迹遗址，认真地翻查历史古籍，深入地了解民俗民风，去探寻竹建筑的依稀足迹吧。

竹竿交接

第一章

竹建筑的远古回音

竹子是历代文人雅士钟爱之物，竹建筑是中华民族一门古老的艺术。早在新石器时代，竹的建筑便与人类文明结伴而行，演绎着人与自然和谐共生的浪漫，传递着人与自然和谐相处的声音。她一路走来，越走越多姿，越走越风雅，成为中国建筑艺苑中的一朵奇葩。

第一节

竹建筑的远古足迹

松亭试泉图轴（局部） 明·仇英

竹子具有坚、韧、柔、直、抗压、抗拉等特点，是房屋建造最古老的建筑材料之一。在古代，人们就利用它来搭盖棚屋，最早映入我们眼帘的竹建筑当数云南西双版纳的傣家竹楼。傣家竹楼以竹子为主要材料建造，柱、梁、檩、椽以及门和墙，都用竹子。傣家竹楼为防潮湿，下面留有高脚底座，建筑分上下两层，故称“竹楼”。

傣家竹楼历史可以追溯到新石器时代的初期。傣家称自己居住的竹楼为“很”，这是由当地方言“烘哼”演变而来的，“烘哼”的意译为“凤凰展翅欲飞的姿势”。相传遥远的新石器时代，傣家有一位勇敢善良的青年叫帕雅桑目蒂，他见人们蜗居在山洞里，生活十分不方便，便设想在平地筑窝，但几度试验，都失败了。有一天，天下大雨，帕雅桑目蒂从人站在树底下能躲雨中得到启发，用芭蕉叶盖起了平顶的叶屋。但平顶叶屋经常漏雨，他又从猎狗坐地淋雨雨水顺着密密的狗毛向下流淌中得到启发，建盖了“狗头窝棚”，将平顶屋面改为斜面。狗头窝棚虽然不漏雨，但仍不能避风避湿，大雨不断飘进屋内，使地面泥水横流，不便居住。帕雅桑目蒂决定重建一种既能遮雨，又能挡风，还能防湿的住房。一个风雨交加的早晨，忽然有一只金凤凰飞落在离他不远的地方，低头垂尾，双翅微张。帕雅桑目蒂双目凝视着金凤凰，金凤凰有意识地展示出各种姿态：它一会扬扬双翅，暗示屋脊应是“人”字形；它一会又低头垂尾，暗示屋脊要盖住人字架的两侧，以挡风雨。最后，金凤凰将脚立起来，身体离开地面，挺起胸膛，暗示房屋下面要建高脚，远离地面，分为两层。于是帕雅桑目蒂在金凤凰的启示下，设计出了这种既能遮雨挡风，又能防潮防兽的高脚双层竹楼。这种双层竹楼一直沿袭下来，至今，傣族人民仍将帕雅桑目蒂奉为竹楼建房的始祖。

潇湘风竹图　清·李方膺

第二节
竹建筑和竹编织的祖师——泰山

我国对竹子的利用始于原始社会。殷商时期，竹子的利用范围得到扩大，竹子的编织、建筑逐渐丰富。到了春秋战国时期，竹子的运用开始往艺术方面发展，在竹建筑上装饰编织与雕刻的图案，使竹建筑愈来愈受到人们的喜爱。值得注意的是，战国时期出现了一个致力于竹建筑与竹编技艺研究的人，他就是被竹建筑与竹编行业尊奉为祖师的泰山。至今在浙江一带还流传着这样一个富有哲理性的传说。

2400 多年前的春秋时期，越国东部，即今浙江东部，有一座苍翠的四明山。山脚下有位年过半百的老汉，妻子亡故，留下一个 10 来岁的孩子。由于孩子生下后，右膝不灵便，走路有点跛，特地给孩子取名为泰山，希望他长大后，能像泰山一样稳健。父亲是靠竹子编织粗筐度日的手艺人，泰山便把父亲编筐废弃的竹料整理出来，摆弄成小竹篮、小水桶、小竹屋等玩具。父亲见孩子在手艺方面有兴趣，打算给他找个有手艺的好师傅，以便他长大后能自食其力过日子。

父亲打听到鲁班是一位木匠名师，精通各种木工技艺，心中便萌生了让孩子去拜鲁班为师，学习木工技艺的想法。但鲁班远在千里以外的鲁国（即今山东），泰山年纪不到 13 岁，又跛着脚，不可能千里迢迢去鲁国，怎么办？

泰山学艺心切，不怕路途遥远，央求父亲带他去鲁国。父亲权衡利弊后，答应了孩子的请求。泰山对竹子怀有一种不解的情结，上路时，便随身带了一小捆竹子，准备空余时间琢磨竹子的制作手艺。泰山和父亲晓行夜宿，历尽千辛万苦，终于来到鲁国。当泰山见到鲁班时，抑制不住内心的喜悦，不等父亲开口，便虔诚地向鲁班行跪拜大礼。由于右膝盖不便，泰山跪下时，痛得右额上的筋脉牵动起来，但他依然深深地长跪在地。

鲁班见泰山是个跛子，内心便有三分不悦，又见他带来一捆竹子，心里更觉纳闷。但见泰山跛着脚千里求师，心诚可嘉，便收下了这个徒弟。泰山在学艺期间，很少讲话，干活勤快，人也聪明，但鲁班见他平时空余下来便摆弄那捆竹子，内心感到不快，便很少向他传授木工技艺。

鲁班手下有一大帮学艺的徒弟，其中有一个叫张三明，能说会道，擅献殷勤，又有一些小聪明，深得鲁班欢心，被定为学徒的领班。张三明见师傅对泰山心存戒意，并有怠慢之感，便见风使舵，常常在师傅面前数落泰山的短处，还有意加重泰山的劳动量，每次干完活，总叫他打扫场地。

一次，鲁班嘱托弟子们加工一堆椽子的粗坯后，便忙别的事情去了。泰山老老实实地把一根根椽子粗料用墨线吊直，用斧子劈削，再用刨子刨光，踏踏实实地干，把100余根粗椽子加工得光直挺括。而张三明却嫌这种活太苦太累，见师傅不在眼前，便溜到外面游玩去了。待师傅回来，他把泰山的劳动成果都记到自己身上，并谎说泰山仍在白天摆弄竹子，没有干活，使鲁班对泰山更多了一层怨厌。

泰山虽不善言谈，但他恭恭敬敬地对待师傅，从内心深处钦佩师傅的手艺，把师傅当成自己的慈父。不到一年工夫，泰山就学会了锯、斧、刨、凿的木工技艺，然而，他更倾心的还是竹子。白天，泰山认真做好木工，空余时间用木工的工具来加工竹子：用锯子把竹竿锯成各种接口，用斧子把竹竿劈成各种粗细的材料，用刨子把竹竿刨得更光，用凿子把竹竿上的圆洞凿得更圆，从而使他创作的竹箱、竹椅、小竹屋更为精雅得体。他还用竹的篾青与篾黄有机地交叉编织，使编织的器物富有竹子的材质美感。

一个月光皎洁的夜晚，泰山待师兄们进入梦乡后，披衣而起，借着月光，琢磨两段竹竿的对接。恰巧，鲁班从外地回来，见泰山未睡，便信步走了过来。泰山一见师傅来到面前，慌乱地撂下手中的两段竹竿，恭恭敬敬地站立起来。鲁班见泰山又在摆弄竹子，内心老大不快，便板着脸说："泰山，你跟我学艺一年，不用心钻研实实在在的木工手艺，却搞这些皮厚腹空的竹子邪道。一心不能二用，以后成不了大器，这不仅对你没有好处，还会损坏我的名誉。明天，你就回越国老家去吧。"泰山一听，着实吃了一惊，正想分辩，鲁班却把手一拂，径自回房睡觉去了。

说到做到，第二天上午，鲁班便打发泰山回去。泰山忍着膝盖的疼痛，虔诚地长跪在师傅的面前作最后的拜别，然后含着眼泪依依不舍地回家了。

日子过得很快，四明山下的梅花开了又谢，谢了又开，不知不觉地三年过去了，鲁班的徒弟一个个满师出走了。一个春光明媚的日子里，张三明在杭州建造一座两层亭阁时，施工马虎，计算失误，致使亭阁倒塌，压死了两名工匠，被官府抓获问罪。张三明当时挂的是名师鲁班弟子的牌子，因此当地人们希望鲁班能接替这项工程，将倒塌的亭阁重新建

竹石图（局部） 清 · 郑板桥

造起来。这是义不容辞的责任，鲁班放下手中的活计，匆匆地赶到杭州。

鲁班察看了这座倒塌的亭阁，发觉张三明在设计、取材、施工中都没有遵循自己传授的技艺规则，而是偷工减料，中饱私囊，根本不考虑建筑的百年大计。鲁班回想起自在学徒期间已对他的重用，深感遗憾。鲁班重新设计这座亭阁，重新取料，赶时间施工建造。待他造成亭阁时，已是丹桂飘香的金秋时节了。

为领略江南的风土人情，考察吴越木工建筑的灵秀风貌，鲁班便往四明山观光而来。在一个富有江南风味的小镇上，他看到一家竹制店铺前，围着一群人，便好奇地走了过去。

店铺门面制作得很有特色，全部用竹建筑，柱子用四根毛竹捆扎，梁枋用两根毛竹镶接，一排排竹竿交叉编成“人”字和“米”字形图案，与梁柱得体地吻合在一起。房屋的檐、瓦均巧妙地用劈成两半的竹竿，一正一反地组合而成。墙面是编织精美的“卍”字形花纹，和竹的建筑有机地结合，既精雅别致，又轻巧牢固。鲁班上下观望，不禁频频点头赞许。当他踮起脚尖，往里一看，不禁发出了“啊”的惊叹声，原来里面出售的都是用竹子编织和制作的日用品，既有竹椅、竹柜、竹箱，也有竹篮、竹盘、竹盒，工艺精巧，和整座竹屋建筑形成一个有机的整体。

鲁班认为这些竹制品完全可以与自己的木制品媲美，决定登门拜访这位巧夺天工的竹器制作艺人。当时，江南店铺的格局是“前店后坊”，即前面是经营的店铺，后面是生产的作坊。鲁班走进店铺来到生产的作坊内，只见一位年轻的师傅正低着头专心地用竹竿、竹节、竹片制作一座竹亭的模型。身旁放着木工用的斧子、刨子和凿子。竹亭模型已经成型，为攒尖式亭，高 3 尺，宽 2 尺。竹竿为亭的立柱与横梁，细竹斗拼成挂落，竹筒劈开后为瓦片，竹亭的基座面板为竹篾编织的图案，精巧而玲珑。年轻的师傅见有人进来，慢慢地抬起头来。鲁班一看，不禁呆住了：啊！真是做梦也没有想到，这位年轻的师傅竟是 4 年前被自己强行辞退的徒弟泰山。

泰山见师傅来到自己面前，既惊又喜，惊的是师傅能从鲁国来到吴越，深感意外；喜的是自己朝思暮想的师傅竟然来到自己的面前。泰山本能地用身体挡住竹亭，恭敬地站

竹石图　元·李衎

起来，真诚地叫了声："师傅！"继而一拐一拐地迎上前，忍着右膝盖的疼痛，扑通一下跪在鲁班面前行师徒大礼。

鲁班不觉一惊，慌忙扶起泰山，摆摆手说："我不配，我不配当你师傅啊！"

泰山睁大眼睛，惶恐不安地看着鲁班："师傅，您是我真正的师傅，怎能说不配呢？"

鲁班面带愧色，摇摇头，重复说："我不配，我不配当你师傅啊！"

泰山忙请鲁班坐下，诚恳地说："师傅，尽管您辞退了我，但您传授的木工手艺，使我一生受益。我把它应用到竹子的创作上，虽然这种竹工手艺为师傅所不齿，但您……"泰山不禁脸上泛起一阵红晕。

不待泰山说完，鲁班赶紧接茬说："不！不！这些竹器的装饰，竹制的亭子，竹编的篮子，手艺很好。看！"鲁班捧起藏在泰山身后的竹亭说："这座竹亭制作得多么精巧，比例十分得体，立柱、横梁、挂落、瓦片榫合得如此严密，这可是真正的手艺啊！"

泰山的双眼含着热泪，惊喜得一把拉住鲁班的双手："师傅，这座竹亭模型您真的认为可以吗？"

"竹子造价便宜，是优良的建筑材料。你制作的这座竹亭模型，比例得体，且容易加工，使我大开眼界啊。"

"师傅，这是我为县城一座庭园制作的亭子模型，我按 1 ∶ 5 的比例缩小了。师傅，您真的认为可以吗？"想不到自己创作的竹亭模型竟然被师傅所认可，泰山的脸上绽开了欣喜而虔诚的笑容。

鲁班这位木工名师巨匠，紧紧握住泰山的双手，内心责备自己只有做手艺的匠心，而没有识别人才的眼力，他噙着泪水连声说："我有眼不识泰山，有眼不识泰山啊！"

名师出高徒，被后人尊为中国木工始祖的名师鲁班，竟然带出了开中国竹建筑与竹子编织技艺先河的泰山。从此以后，泰山开创的竹建筑与竹子编织的手艺便一代一代地流传下来。直到现在，竹建筑与竹子编织的艺人们仍像木工尊奉鲁班为自己的祖师一样，把泰山作为竹建筑与竹子编织的祖师。

第二章
古文献中的竹建筑

江南多竹，特别是云南傣族地区，到处都是竹林。竹子价格低廉，再加上坚韧挺拔，很早便被人们作为建筑材料。然而，竹子易霉易蛀，难以长久保存，存世超过百年的更是凤毛麟角，因此要寻找百年以上的竹建筑遗物根本不可能，我们只能从古代文献中一见竹建筑的端倪，去寻觅竹建筑的历史。

将竹子作为建造材料最早的文字记载在《汉书·宣帝纪》中。这本卷宗记述的是汉宣帝刘询在位25年的政事，至今已有约2100年历史。卷宗中有“池籞未御幸者，假与贫民”的证载。“池籞”指帝王的园林；而“籞”，指苑囿的墙垣、篱笆。东汉学者苏林将“籞”解释为：“将竹子折断，以绳串连成篱笆”。全文的解释是：帝王园林中的竹制篱笆，其编制技艺在当时是较为特出的，可惜没有得到皇上的重视，只能流入民间。

竹建筑应该是文人雅士最为心仪的。在中国古代绘画作品中，对园林中利用竹子材料制作成篱笆、棚架、栏栅的描绘常有出现，但有关竹建筑的技艺专著却无从查考。在这一章中，我们特地列出唐代诗歌、宋代散文、元代志书、明清书法中的竹建筑，让我们从中去寻觅竹建筑个中的风韵吧。

竹石图（局部） 明·陈洪绶

第一节
唐宋竹楼诗两首

古代文献撰写竹建筑的并不多见，无独有偶，唐代诗人李嘉祐与宋代诗人高翥却都撰写了竹楼诗。

唐代诗人李嘉祐写的《寄王舍人竹楼》诗：

傲吏身闲笑五侯，西江取竹起高楼。

南风不用蒲葵扇，纱帽闲眠对水鸥。

这首诗的意思是：一个无权无势的闲散小官，不羡慕达官显贵，在西江边采伐竹子建起了高楼，安居于竹楼水阁之上。这里凉风习习，即使在燠热的天气里，也用不着摇动蒲葵扇。登临竹楼，可以把纱帽搁在一边，与江边的水鸥相对，安闲地睡去。

此诗写得简洁而有味，作者李嘉祐（？ —约 779），字从一。赵州（今河北赵县）人。天宝七年（748 年）登进士第，授秘书省正字，后为台州刺史。著有《台阁集》二卷。从这首竹楼诗中可以看出，在约 1250 年前的唐代已有竹制的建筑，且能在西江岸边构筑高楼。

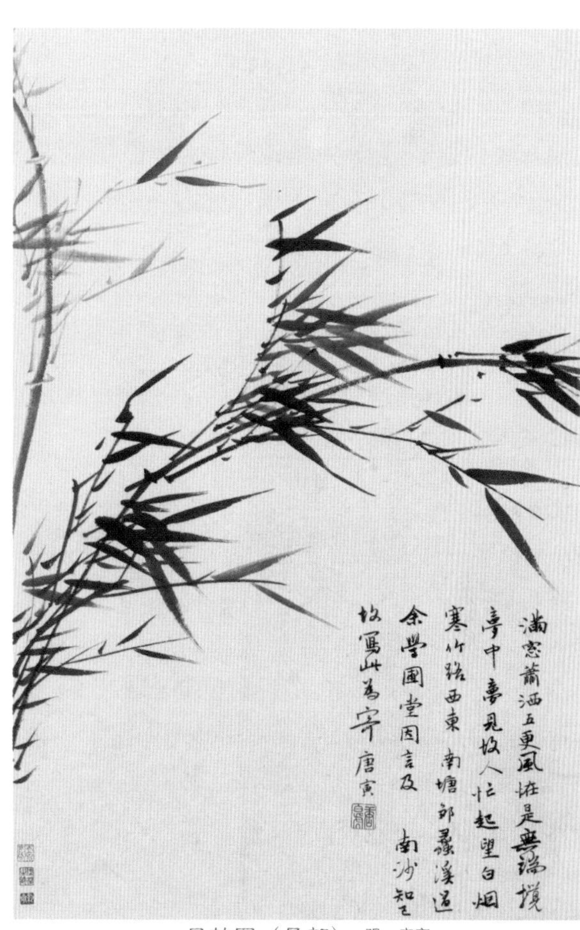

风竹图（局部） 明 · 唐寅

450 余年后，宋代诗人高翥也写了一首《竹楼》诗：

老竹平分当建瓴，小楼从此擅高名。

地连云堞登临委，栏俯晴江梦寐清。

一记自能追正始，三闲谁与续咸平。

涛音日日烟中落，依约焚香读易声。

诗中说，用成熟的竹子剖开后建了一座竹楼，这座竹楼从此便声名鹊起。竹楼连着城墙，当登临竹楼，倚着竹栏俯瞰，在晴天能看得很远。在竹楼中听着江水的波涛之声，望着太阳在云烟中降落，在依依的香烟中阅读《周易》，这是多好的意境。这首诗的作者高翥（1170—1241），字九万，余姚（今属浙江）人。他游荡江湖，布衣终身，是江南诗派中较有才情的诗人。

第二节
北宋散文《黄冈竹楼记》

用散文来写竹建筑，当数北宋文学家王禹偁。王禹偁（954—1001），字元之，济州巨野（今山东省巨野县）人，晚被贬于黄州，世称王黄州。王禹偁不仅写得散文，同时也是一位白话体诗人，他于咸平二年（999年）八月十五日写了一篇散文《黄州新建小竹楼记》，又名《黄冈竹楼记》，颇耐人寻味。黄州，即今湖北省黄冈市黄州区，地处湖北东南部，号称“鄂南竹乡”。作者在黄州任职期间，十分关注并热爱黄州竹楼，他以竹楼为核心，以声写楼，以声抒情，用文章详写了在竹楼的建筑中可以领略到的种种别处无法领略的清韵雅趣。全文如下：

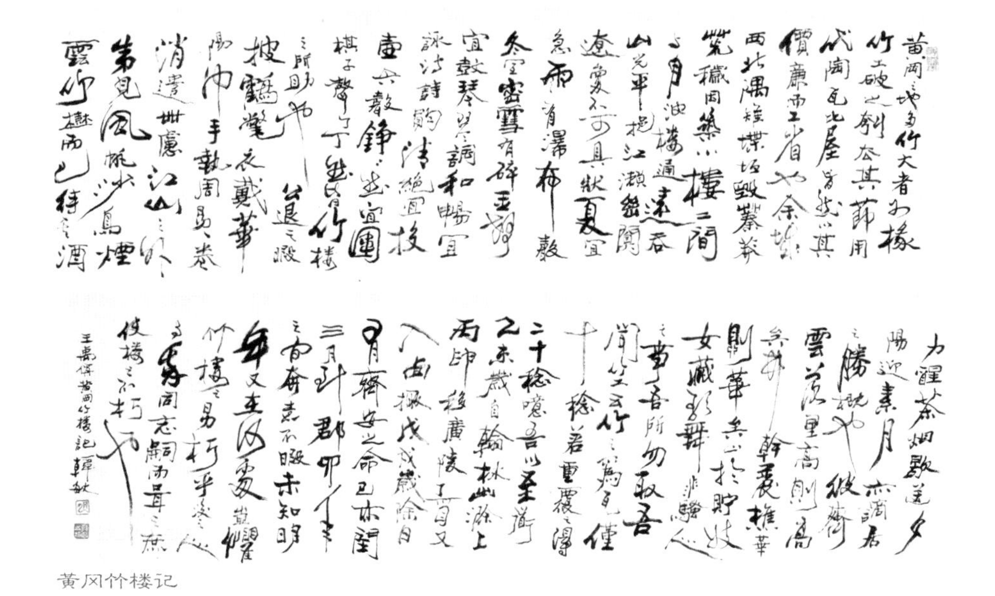

黄冈竹楼记

黄冈之地多竹，大者如椽。竹工破之，刳去其节，用代陶瓦。比屋皆然，以其价廉而工省也。

子城西北隅，雉堞圮毁，蓁莽荒秽，因作小楼二间，与月波楼通。远吞山光，平挹江濑，幽阒辽夐，不可具状。夏宜急雨，有瀑布声；冬宜密雪，有碎玉声；宜鼓琴，琴调虚畅；宜咏诗，诗韵清绝；宜围棋，子声丁丁然；宜投壶，矢声铮铮然：皆竹楼之所助也。

公退之暇，被鹤氅，戴华阳巾，手执《周易》一卷，焚香默坐，消遣世虑。江山之外，第见风帆沙鸟、烟云竹树而已。待其酒力醒，茶烟歇，送夕阳，迎素月，亦谪居之胜概也。

彼齐云、落星，高则高矣，井幹、丽谯，华则华矣，止于贮妓女，藏歌舞，非骚人之事，吾所不取。

吾闻竹工云：“竹之为瓦仅十稔，若重覆之，得二十稔。”噫！吾以至道乙未岁，自翰林出滁上，丙申移广陵，丁酉又入西掖，戊戌岁除日，有齐安之命，己亥闰三月到郡。四年之间，奔走不暇，未知明年又在何处，岂惧竹楼之易朽乎！幸后之人与我同志，嗣而葺之，庶斯楼之不朽也！

咸平二年八月十五日记

为能使大家深入了解该古文的内蕴，今特将这篇古文解译成白话文：

黄冈盛产竹子，大的粗如椽子，竹匠剖开它，削去竹节，用来代替陶瓦。家家房屋都是这样，因为竹瓦价格便宜而且省工。

子城，即城门外用于防护的半圆形城墙，它的西北角上，矮墙毁坏，长着茂密的野草，一片荒秽，我于是就地建造了两间小竹楼，与这里的月波楼相连接。登上竹楼，远眺可以尽览山色；平视可以将江滩、碧波尽收眼底。那清幽静谧、辽阔绵远的景象，实在无法一一描述出来。夏天遇到急雨，人在竹楼中似听到瀑布声；冬天遇到大雪飘零，好像碎琼乱玉的敲击声；这里适宜弹琴，琴声清虚和畅；这里适宜吟诗，韵味清雅绝妙；这里适宜下棋，棋子敲击棋盘时发出清脆悠远的叮叮之声；这里适宜投壶游戏，箭声铮铮悦耳。这些都是竹楼所促成的。

公务办完后的空闲时间，披着鸟羽制的披风，戴着道士戴的华阳巾，手执一卷《周易》，焚香默坐于竹楼中，能排除世俗杂念。这里除江山形胜之外，还能见轻风扬帆，沙上禽鸟，云烟竹树。等到酒醒之后，茶炉的烟火已经熄灭，送走落日，迎来皓月，这也是谪居生活中的一大乐事。那“齐云”“落星”两座古代名楼，是算高的了；“井斡”“丽谯”两座古代名楼，也算是非常华丽了，可惜只是用来蓄养妓女，安顿歌儿舞女，那就不是风雅之士的所作所为了，我是不赞成的。

我听竹匠说：“竹制的瓦只能用十年，如果铺两层，能用二十年。”唉，我在至道元年，由翰林学士被贬到滁州，至道二年调到广陵（今扬州），至道三年重返中书省，咸平元年除夕又接到贬往齐安（今湖北麻城市西南）的调令，今年闰三月来到齐安郡。四年当中，奔波不息，不知道明年又在何处，我难道还怕竹楼容易败坏吗？希望接任我的人与我志趣相同，能爱此竹楼并常常修缮它，那么这座竹楼就不会朽烂了。

北宋咸平二年八月十五日撰记。

这篇文章以竹楼为核心，先记叙黄冈多竹，竹可以用来代替陶瓦，且价廉工省，为下文详写竹楼作下铺垫。继而描写在竹楼上可观山水、听急雨、赏密雪、鼓琴、咏诗、下棋、投壶，极尽人间之享乐；亦可手执书卷，焚香默坐，赏景、饮酒、品茗、送日、迎月，尽得谪居的胜概。借齐云、落星、井斡、丽谯各名楼反衬竹楼的诗韵，表明作者甘居清苦、鄙夷声色的高尚情怀。继而写奔走不暇、眷恋竹楼之意。

这篇古文还告诉我们这样一个信息，在盛产竹子的黄冈，当时人们将剖开的竹子，削去竹节，来代替陶瓦，家家房屋都是这样。可见在1000多年前的北宋时期，竹建筑已经得到普及并在民间盛行，至少湖北黄冈是这样的。

第三节

元《云南志略》中的傣家竹楼

我国傣族地区盛产竹材，许多住宅用竹子建造，“傣家竹楼”是傣族固有的典型传统建筑。对傣家竹楼最早的文字记载，当数元代李京的《云南志略》。李京，字景山，号鸠巢，河涧（今河北河间）人，官至吏部侍郎。李京是位武将，却写了《云南志略》，这是一本云南地方志，书中讲述了傣家的竹楼。

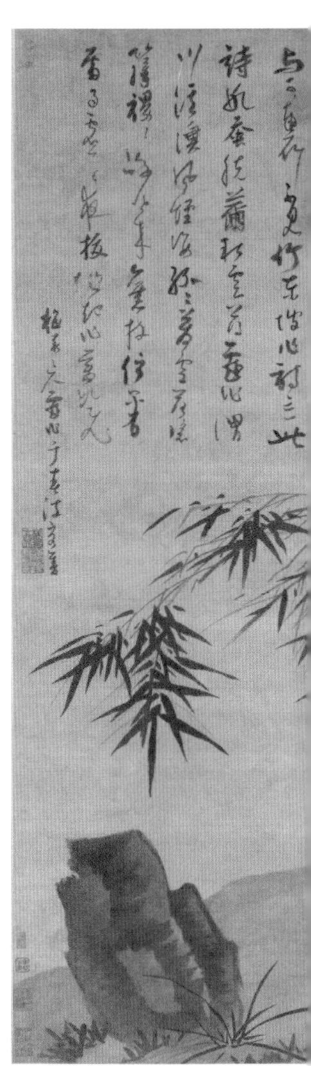

墨竹坡石图　元·吴镇

元成宗大德五年(1301年)春，李京奉命为乌撒乌蒙道（今贵州省威宁彝族回族苗族自治县一带）宣慰副使。为措办军需，两年间走遍乌蛮六诏、金齿、百夷诸地，了解山川、地理、土产、民族习俗，获得了许多详细的第一手资料。李京翻看以前有关云南的文献，感到记载的史料与现状有很多不符之处，因此他把自己的所见所闻，结合众家的说法，撰成此志书。该书为元明以来最早的云南志书，故其史料价值极高，对研究云南各少数民族社会生活，颇有参考价值。

傣家人为什么建竹楼，为什么都爱住竹楼而不愿住平房？李京在《云南志略》中做了明确的答复：“金齿百夷……风土下湿上热，多起竹楼。居滨江，一日十浴……”

这里的“金齿百夷”指的是当时云南、贵州的少数民族部落。那里气候高温潮湿，遍地的竹山苍翠如海，生活在竹海中的傣族人民无钱盖高楼大厦，加之当地气候湿热，就只好就地取材，用竹子作建房材料，整个楼房全是竹子结构：竹柱、竹围墙、竹楼棱、竹椽子、竹楼板、竹楼梯、竹瓦盖屋顶，于是，人们就称之为“竹楼”。傣家竹楼的造型属干栏式建筑，它的房顶呈“人”字形，西双版纳地区属热带雨林气候，降雨量大，“人”字形房顶易于排水，不会造成积水。一般傣家竹楼为上下两层的高脚楼房，高脚的妙用是上可避热，下可避湿。

竹楼建筑的每一个部分都有不同的含义，走进竹楼就好像走进傣家的历史和文化，傣家的主人会一一告诉你。竹楼的顶梁大柱被称为“坠落之柱”，这是竹楼里神圣的柱子，它是保佑竹楼免于灾祸的象征，不能随意倚靠和堆放东西。人们在建新楼时常常会弄来树叶垫在柱子下面，据说这样做它会更加坚固。除了顶梁大柱，竹楼里还有分别代表男女的柱子，竹楼内中间较粗大的柱子是代表男性的，而侧面的矮柱子则代表着女性，屋脊象征凤凰尾巴，屋角象征鹭鸶翅膀。

傣族居住的村寨环境幽静，寨中的建筑整齐、规则，凡有佛寺的村寨，寺旁均有菩提树。住房四周，均围着竹篱笆或木制篱笆，篱笆内种植果树、花木。无论村寨大小，住户多少（多至一两百户，少则一二十户），寨傍均有大河、小溪或湖沼鱼塘。濒临水边，便可“一日十浴”，即一天沐浴十次，这是因当地气候湿热，竹楼建在水边，为人们经常沐浴带来了方便，这便是元代傣家竹楼的真实写照。

第四节

明《借竹楼记》与《竹楼赞》

中国历代的文人雅士大多爱竹，竹的精神、竹的风韵、竹的艺术，显示了中国光辉灿烂的文化，也显示了中华民族的情操和风采。明代的《借竹楼记》是文学家、书画家徐渭（1521—1593）所写。徐渭系山阴（今浙江绍兴）人，初字文清，后改字文长，号天池山人、青藤道士等，他有很多故事在民间普遍流传。徐渭对竹子深为喜爱，他的《借竹楼记》是借邻居家的竹林为景致建楼，文中称颂竹子的气质与品格，今特录取上半篇如下：

龙山子既结楼于宅东北，稍并其邻之竹，以著书乐道，集交游燕笑于其中，而自题曰“借竹楼”。方蝉子往问之，龙山子曰：“始吾先大夫之卜居于此也，则买邻之地而宅之；今吾不能也，则借邻之竹而楼之。如是而已。”

方蝉子起而四顾，指以问曰：“如吾子之所为借者，特是邻之竹乎？非欤？”曰：“然。”“然则是邻之竹之外何物乎？”曰：“他邻之竹也。”“他邻之竹之外又何物乎？”曰：“会稽之山，远出于南，而迤于东也。”“山之外又何物乎？”曰：“云天之所覆也。”方蝉子默然良久。龙山子固启之，方蝉子曰：“子见是邻之竹，而乐欲有之而不得也，故以借乎？非欤？”曰：“然。”

徐渭的古文《借竹楼记》讲述了文人雅士借邻居的竹林建楼的愿望，今特解译如下：

龙山子在自己宅第的东北方盖了一座书楼，位置靠近邻居的竹林，不管是著书、读书或者朋友聚集谈笑，都在这座书楼上，并且题写了“借竹楼”的楼名。龙山子的朋友方蝉子问他筑楼的原因，龙山子说：“如果先父选择在这里定居的话，一定会在邻居家的这块土地上建造房屋。如今我没有能力买地，只好借邻居家的竹林为景致，在它旁边盖楼。”

竹石图　元·赵孟頫

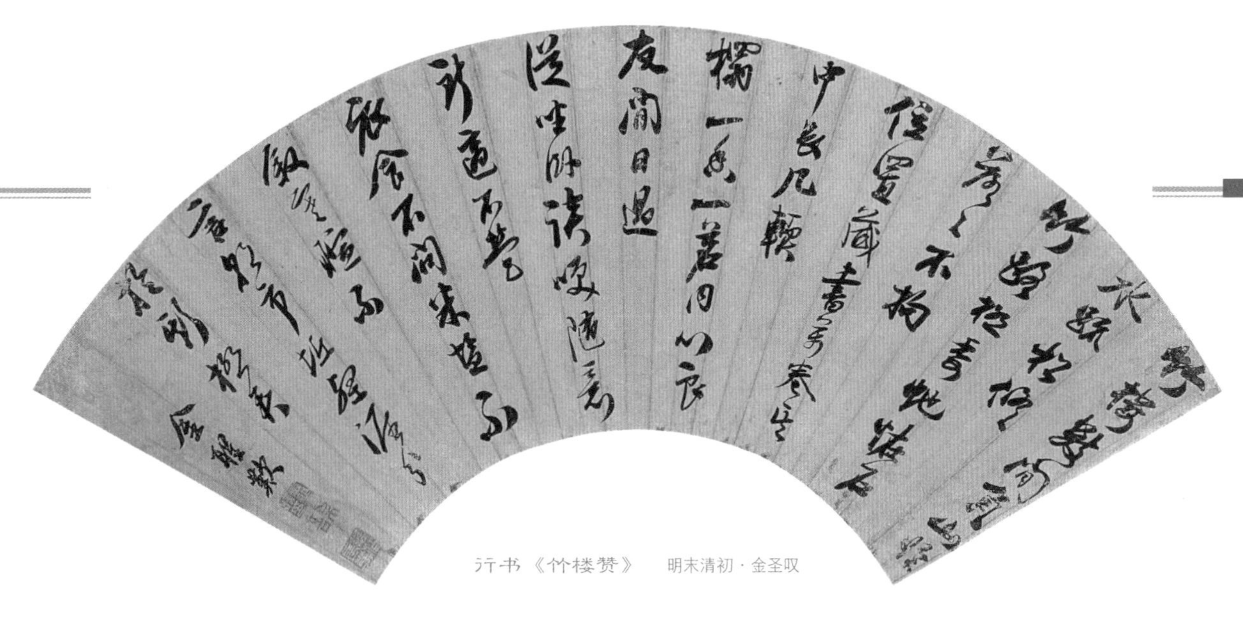

行书《竹楼赞》 明末清初·金圣叹

方蝉子站起来，朝四周看了看，用手指着说："如此说来，你要借的，就是邻居的竹林吧？"龙山子回答说："不错。"方蝉子又问："那么邻居的竹林之外，又是什么呢？""是其他邻居家的竹林。""其他邻居家的竹林之外，又是什么呢？""是会稽山绵延在南方，并逶迤向东边伸展的地方。""会稽山之外，又是什么呢？""是云天覆盖的地方。"方蝉子沉默许久。龙山子请求他开口说话，方蝉子说："你是看到邻居的这片竹林，希望拥有它却无法做到，所以才借邻居的竹林吧？"

"是的。"龙山子俯仰思索了一番，终于感到释怀，就让方蝉子写下了《借竹楼记》，记下了这些话，将文人对于竹子的喜爱之情表现得淋漓尽致。

明代文学家谢肇淛在他的《五杂组》第十三卷中也提到了竹楼，撰写了《竹楼赞》短文：

竹楼数间，负山临水；疏松修竹，诘屈委蛇；怪石落落，不拘位置；藏书万卷其中，长几软榻，一香一茗，同心良友，闲日过从，坐卧笑谈，随意所适，不营衣食，不问米盐，不叙寒暄，不言朝市，丘壑涯分，于斯极矣。

谢肇淛(1567—1624)，字在杭，福建长乐（今福州市长乐区）人，号武林、小草斋主人，晚号山水劳人，为当时闽派作家代表。谢肇淛明万历二十年(1592年）进士，博学，能诗文。《五杂组》是作者的随笔札记，是一部名作。谢肇淛在《竹楼赞》中说：人生能够有几间竹制的楼房，建在傍山临水之间，周围有疏散的修竹围绕，参差的怪石相伴。而竹楼中藏有万卷书，旁有长几软榻，燃一炷清香，捧一杯香茶，每日能有知心好友叙会，或坐或卧，不拘小节，不愁衣食，不管柴米油盐，不谈国事，本本分分，享受清闲，那是人生中多好的事啊。

明清以来，文人雅士对竹子的喜爱达到高峰，从北京紫禁城乾隆花园内的"竹香斋"竹装饰，到当时小说插图中用竹作花篱，都反映出文人造园不仅喜爱植竹，也十分喜欢使用竹材加工的建筑设施。

技艺篇

技艺重在选材保养，
神韵重在设计创新。

竹廊桥　杭州植物园

竹建筑设计和建造具有灵活性、多样性，可以适应多种多样的建筑风格。设计者利用古建筑的传统技艺，结合现代建筑设计理念，大大拓展了竹材料的应用领域，不仅施工建造便捷，而且便于更换损坏部件，竹建筑受到人们普遍而持久的欢迎。现在，竹建筑在建造过程中要有一定的结构处理才能起到相对的作用。按目前的工艺水平，竹建筑的楼房最高能建到三层，当然，通过合理的结构调整，也可以建筑更多层。

竹建筑在建造过程中主要靠人工，基本没有什么机械化设备可用，其造价成本可根据建筑的装饰、外观工艺以及配套设施进行定位。竹建筑的成功还得依赖设计师们的奇才、技巧、设计经验、设计手法和对竹子性能的了解，还有工匠的配合。因此，竹建筑的展现不仅是座实用的人居空间，而且又是一座俊雅的艺术建筑，竹建筑精湛的建造技艺，会使竹建筑艺术的自然美更加亮丽。在本篇中，我们讲述的是竹建筑的设计、竹建筑常用的竹材、竹材的技术处理以及竹建筑的安装与保养。

竹竿的连接艺术

第三章
竹建筑的设计与选材

竹建筑的第一步工作是设计，然后是取料。在这一章中，我们讲述竹建筑的功能与价值、常用竹材、选材原则三大内容。

第一节
竹建筑的功能与价值

在科技不断发展、社会快速进步的今天，人们纷纷告别了青瓦白墙的传统建筑，住进了整洁规范的钢筋水泥房。然而，人们依然怀念那粉墙黛瓦、素雅清新的居住房舍，特别是临水而居、翠竹相伴的地方，让人倍感清新脱俗。所以大家的理念在不断地变化和改良，人们也一直在努力打造良好的生存环境与居住环境。

现在，“低碳、环保”已经成为一种必然要求，竹材的环保属性在世界上是一致公认的，它不存在任何污染问题，原材料的再生周期短，一般成材期在 3 至 5 年。竹制品是很典型的绿色环保用具，没有化学成分，对环境没有污染，对人体无伤害，是当今潮流的理想生活伙伴。竹制用具包括家具、日常生活用品、工艺品以及竹建筑。而竹建筑特有的自然质

图 3–1　发挥竹子的材质美感

图 3–2 注重竹建筑的内在结构

感和纯朴气息，具有创新、环保、艺术的特色，更令人向往。加上竹建筑的原料充足、价格低廉，恰恰符合这种趋势。在一般人的感觉中，人们担心竹子太软、太轻，牢度不够，其实，这是完全不必要的。竹子是地球上最坚硬的植物之一，密度为 500–800 千克 / 米^3。其抗拉性与钢材同等，抗压性可与砖头、水泥媲美。

有人做过实验，把一根直径 10 厘米、长 10 厘米的竹材短柱，竖立起来，放在测压机下面，得用 15 吨的压力，短柱才爆裂。假如用四根竹材的小短柱，竖立起来，就能顶起 50 吨重的汽车。从这个实验中可以看出，竹子不仅牢度强，而且韧性大，由此竹子被人们誉为“建筑中的钢筋”。

人们对竹子材料越来越感兴趣，正逐步用竹材来取代木料与合成材料。虽然竹建筑还没有普及，但已在很多地方蓬勃兴起。作为建筑中的建造原料，竹子要受到人们的青睐，关键是设计要先行。因为在竹建筑设计上，有着千变万化，设计至关重要。

竹建筑设计者首先得发挥竹子的材质美感。竹，挺拔端直，幽雅逸致，竹子表面的青绿色，竹节部位的深褐色，竹肉部位的土黄色，再加上竹材表面那一丝丝有规则的纹理，历来被中国的文人雅士视为清雅之品。竹建筑的设计者应十分注重竹子的这种材质美感与天然本色，在设计中尽量体现材料自身的色泽美和肌理美，达到朴素、和谐、雅致的美感，使设计出来的竹建筑典雅清新、质朴俊美。而且，竹子具有其他材料所不具备的特性：丰富性、柔韧性、纤维一致性、中空性和凉爽性。只有把竹材的这些亮点特性进行恰如其分的应用，才能真正体现材料价值和造物智慧。因为这种自然和纯朴的竹材色泽具有浑厚的亲和力，能让人们从中体味出浓浓的乡情（图 3–1）。

其次是竹建筑不能只停留在外观的造型上，设计者应十分注重竹建筑的内在结构，注重竹建筑的牢度与强度，让竹建筑的美学构造与牢固度统一起来，还要让竹建筑的外形和功能和谐地统一起来。无论是大自然的生物还是我们制造出的作品，不管它的体积大或小，都一定有结构体系存在。若没合理的结构体系以及制作工艺，作品就没有稳定性，再好的设计作品也就只是一幅画，难以落地（图 3–2）。

除此以外，竹建筑的设计者应该拥有丰富的传统古建筑知识，懂得梁、柱、椽、壁的结构及制作技艺，熟悉门窗、挂落、顶棚的建造知识，从古建筑中汲取营养，巧妙地移植到竹建筑中来。用粗大的毛竹竿替代木柱，用细竹管的镶接替代木制的格扇门窗与格心花纹，专注竹建筑中的每个过程，每个细节，让人在建筑设计完美的体验中感受传统古建筑的独特美感，让格调朴素高雅，意境幽远清新（图 3—3 至图 3—6）。

竹子是低能耗的天然材料，在设计中，应尽量体现在制作中的人工使用，少用昂贵的机械性制作，确保建筑的大部分利润仍然在制作中产生，让熟练工匠从中获得益处。在设计中，除竹子外，还应该尽量多用黏土和石头，这些天然材料都来自大自然，为环境提供了健康的室内小气候。

竹子是房屋建造和其他结构最古老的建筑材料之一。作为品质优良的建筑材料，竹子比较便宜，显得平淡，且容易加工，可以在许多产竹地区得到。但关键是竹建筑的设计，只要设计用心，构思巧妙，有创新的思维理念，把竹子的质地与特性反映出来，让人们充分品味竹子的自然魅力，竹建筑的艺术形象必定是生动鲜明的，其内涵必定是富有情致和趣味的。中国现当代文学家梁实秋曾说：“绚烂之极归于平淡，但是那平不是平庸的平，那淡不是淡而无味的淡，那平淡乃不露斧斫之痕的一种艺术韵味。”这便是竹建筑在人们心目中不露斧凿之痕的一种韵味。然而，要达到这种韵味是要付出辛劳的。这正像北宋著名思想家、政治家、文学家王安石所说的，“看似寻常最奇崛，成如容易却艰辛”。这是对竹建筑设计者真实的写照。

图 3—3　从古建筑格扇门、挂落、雀替中吸收元素

图 3—4　从古建筑圆洞门与窗格子中吸收元素

图 3–5 从古建筑门窗格子中吸收元素

图 3–6 从古建筑栏杆纹样中吸取元素

用竹子来诠释生活，以竹文化来倡导和谐、自然、健康的生态理念，让人们享受生命的健康与快乐，竹建筑的功能价值是无与伦比的。竹建筑的出现，会给现在的农业区、旅游区、别墅区等场景增加一道亮丽的风景线，对看惯了钢筋水泥建筑再去品尝这些用竹子材料建造的房子的人们来讲，有着非常亲切的感受。

第二节
竹建筑的常用竹材

竹子，为多年生乔木状禾本科植物，秆木质化，生长迅速，类型众多，适应性强，分布极广。全世界共计有 70 余属，1000 多种，盛产于热带、亚热带和温带地区。中国约有 34 属，534 种。

中国地域辽阔，是世界上竹类最多、数量最大的国家之一。由于各地区的气候和自然地理条件不同，竹子的生长情况和种类也有差异。一般北方气候干旱，能适应生长的竹种不多，大多是散生型和混生型竹种。从北到南，温度渐增，雨量渐多，竹子的种类和数量亦在不断增多，竹林的组成和结构也在相应地变化。从散生到丛生，从稀疏到密集，竹子呈现出多种多样的丰姿：有的互抱成丛，如绿珠坠地；有的相依相扶，似翠接青云；有的密集路边，交织成苍翠的拱廊；有的与楼亭并立，组成风姿独秀的画面；有的跻身假山，颇有“玉簪螺髻”的诗意；有的挺立江边，别具波光倩影的佳趣；有的傲立公园，苍翠敢与鲜花比秀；有的则漫山遍野，组成一片气势磅礴的翠波绿海（图 3–7 至图 3–9）。

图 3–7 竹林

图 3–8 巨龙竹之一

竹子分布于中国 17 个省份中。从北方的黄河流域到南方的海南省，从东方的台湾地区到西部的西藏雅鲁藏布江下游，甚至在海拔 3400 米的四川峨眉山上，均有竹子在拔节成长。长江以南是我国竹子分布的中心，其中以四川、浙江、湖南、广东、福建、江西、台湾等省的竹子为多。

青青翠竹，全身是宝。按用途，竹子可分为特用类、观赏类、笋用类和材用类四种。特用类竹是指用来制作笛、笙等乐器及手杖、钓鱼竿等工具的，如苦竹、筇竹；观赏类竹高雅珍贵，如大佛肚竹、小佛肚竹、龟甲竹、金镶玉竹等；笋用类竹主要是提供味鲜且富营养的竹笋，如尖头青、石绿竹、雷竹等，苦竹一类的笋是苦的，不能食用。至于材用竹，主要用于建筑、造纸、编织等。

根据竹建筑的特性，能加工利用的竹子有数十种。目前，我们经常选用的是毛竹、龙竹、早竹、茶秆竹、雷竹、青皮竹和慈竹等七种（各地有相应性能的竹种，亦可代替）。其主要形态特征、分布范围、建筑适用性能概述如下。

图 3–9 巨龙竹之二

图 3–10 毛竹林

1. 毛竹

毛竹，又名楠竹，是我国竹类植物中分布最广、材质最好、用途最多的优良竹种（图 3–10）。该品种竹秆粗大端直，高 15 ～ 20 米，胸径 8 ～ 16 厘米，最大可达 20 厘米。竹节间长约 40 厘米，有的甚至可达 45 厘米。竹壁较厚，一般在 0.5 ～ 1.5 厘米之间。节间呈圆筒形，分枝节间的一侧有沟槽，并有一纵行中脊。毛竹基部节间甚短而向上则竹节较长。毛竹四季常青，秀丽挺拔，经霜不凋，雅俗共赏。毛竹生长快，适应性强，大面积推广种植能防止水土流失，调节局部小气候，净化空气，美化环境，并且成材时间较木材短。毛竹材质坚硬强韧，不易开裂，纹理平直，竿型粗大，建筑用途广泛，如梁柱、棚架、脚手架等都有它的身影。毛竹主要分布在四川、湖北、湖南、江西、福建、浙江和台湾等地。

2. 龙竹

龙竹，又名大麻竹，直立，梢端下垂或长下垂，节处不隆起。秆高 20 ～ 30 米，胸径 20 ～ 30 厘米，节间长 30 ～ 45 厘米，壁厚 1 ～ 3 厘米。龙竹为暖热性喜温怕寒竹种，有一定的抗干旱、耐瘠薄能力。该竹种在云南东南至西南部均有分布，台湾也有栽培，龙竹是世界上最大的竹类之一，是良好的建筑和篾用竹材。

3. 旱竹

旱竹，又名甘竹，主要分布在我国长江流域。该品种竹秆挺拔修长。高 5 ～ 15 米，胸径 3 ～ 5 厘米，节间长 30 ～ 40 厘米，竹壁较薄，一般在 0.5 厘米左右。笋期在 3 月下旬至 4 月上旬或更早，故谓旱竹。旱竹分布于江苏、安徽、浙江、江西、湖南、福建等地。旱竹纹理直顺，竹材坚韧，拉力强，易染色也易漂白，但竹节较脆容易裂，常用于竹建筑的室内装饰。

4. 茶秆竹

茶秆竹，又名青篱竹、沙白竹、厘竹。茶秆竹高 6 ～ 13 米，胸径 5 ～ 6 厘米，节间长 40 ～ 50 厘米，坚硬直立，节间呈圆筒形，节上生枝的一侧有狭而短的沟槽。茶秆竹节平、坚韧、弹性强、不易虫蛀、表面有光泽，材质优良、经久耐用，是制造各种竹家具、滑雪竿、花架、高级钓鱼竿、雕刻工艺美术的主要材料，亦是竹建筑的好材料。竹子砍下后需加工处理：先用砂纸擦去表皮，洗净晒干，再经过拣、锯，分规格送入大型烤炉内烘烤，然后扳直竹身。经过加工的茶秆竹表层油质已渗入竹身细密的纤维中，竹子显现出淡黄光亮的色泽，由于内含的糖分已随剩余的水分蒸发，竹子一般不会遭到虫蛀。茶秆竹主要分布于广西、广东和云南等地。

5. 雷竹

雷竹，别名雷公竹（图3—11）。原产于浙江临安、安吉、杭州。秆高可达10米，幼秆为深绿色，老秆为绿色、黄绿色或灰绿色，竹节呈暗紫色。雷竹体形粗壮，壁较厚，故常作为立柱或建筑的架构材料。从现存竹器文物整理来看，明代嘉定地区和南京金陵派竹刻所用竹材多为雷竹，在竹刻制作顶峰的清代，在竹刻材料选择上依然倾向于雷竹。

图3—11　雷竹

6. 青皮竹

青皮竹，又名天竹黄。青皮竹尾梢弯垂，下部挺直，秆呈绿色，生长快，产量高，材质柔韧，秆高9～10米，胸径5～6厘米，节间长35～50厘米。竹壁薄，节间呈圆筒形，秆环平，幼秆为深绿色。青皮竹适宜竹编，是我国南方普遍栽培的竹编用材。青皮竹秆通直，纤维坚韧，干后不易开裂，节平而疏，为优质篾用竹种之一，宜编织农具、工艺品和各种竹器等，整竿可用于建筑搭棚、围篱、支柱、家具或造纸等。用青皮竹制成的竹椅、竹席、竹篮、竹沙发和竹茶几都是推销国内外市场的热门货。青皮竹分布在我国华南地区，包括广东、广西、台湾、湖南、福建、云南南部等地，其中以广东为最多，是全世界最大的青皮竹中心，浙江、江西有引种。

7. 慈竹

慈竹，长势密集，高低相倚，犹如母子相依，故又名子母竹（图3—12）。慈竹的“慈”顾名思义为慈软柔和。郭沫若有“慈竹参天笼雨露，桄榔拔地入云霞”的诗句，赞美慈竹的高大茂盛。

图3—12　慈竹

慈竹秆高 5 ～ 10 米，胸径 3 ～ 6 厘米，全秆有 30 节左右，秆壁薄，节间长 20 ～ 40 厘米，顶端细长，呈弧形，弯曲下垂如钓丝状。慈竹节长、质细，富有弹性，可多层启剥，不易折断，精巧细腻，经久耐用。慈竹叶茂秀丽，于庭园内池旁、石际、窗前、屋后栽植，适宜观赏。慈竹分布于四川、贵州、云南、广西、湖南、湖北西部、陕西南部及甘肃等地。慈竹常被用于建筑、造纸、地板、家具等，也可制作竹编工艺品。

第三节
竹建筑的选材原则

一座好的竹建筑，必须选用好的建筑材料。竹材的质量与竹子生长的环境条件有密切的关系。环境条件好，竹秆粗大，但竹材组织较松，容重小，强度低。若环境条件差，竹材的组织紧密，容重大，强度反而高。

选择竹建筑的用竹，向阳生长的竹子比背阳的阴山竹好。向阳的竹子秆茎较细，竹青层呈黄绿色，枝叶虽不及阴山竹茂密，但性硬、质韧、弹性大、抗拉力强，是竹建筑的好材料。阴山竹生长的土壤一般潮湿而肥沃，竹材虽粗壮，但组织疏松，弹性小，强度远比不上瘦土地生长的竹材，不是竹建筑的好材料。

竹秆茎的表面细胞内含有叶绿素，故常呈绿色。随着竹龄和生长环境的变化，叶绿素也会发生变化。一般幼竹的秆茎偏绿，中年秆茎开始呈黄绿色或趋向黄色，老年秆茎逐渐干枯，色泽也开始偏向灰暗。

竹的生长地对竹的色泽也有影响，阳山竹或竹的向阳面，竹秆茎的色泽一般偏黄，阴山竹或竹的背阳面，色泽一般偏绿。竹种不同，竹秆茎的色泽亦有很大的差异，这种差异在体现竹建筑的材质美感上会产生不同的效果。

选择竹建筑的用竹，应注重以下四个要点。

1. 挑选竹材的时令，以冬季砍伐的竹子为最好，因为冬季气温低，较干燥，竹材内部的细胞结构紧密，外部质地坚韧。同时，冬季是害虫的越冬期，竹子遭受虫害程度相对较轻。另外，竹子采伐有大、小年之分，采伐时间以大年立冬后、小年立春前为宜。

2. 挑选竹材的年龄，太嫩了不行，太老了也不行，在一般的情况下，竹龄不能低于 3 年，也不能超过 5 年，应框定在 3 ～ 5 年之间。

3. 挑选竹子的形状，竹秆的直径、长度和直度，应达到设计的使用要求。竹秆的色泽要一致，不选有枝丫的、凹槽明显的竹秆。

4. 挑选竹子的完整性，在砍伐竹子时不能损伤外表，应砍伐没有疤痕、没有虫蛀和没有残缺的竹子。这样的竹竿才能保证竹建筑制作后的完整与美观。

第四章
竹材准备与竹建筑安装

根据竹建筑的设计要求，在充分利用竹材特色的前提下，必须在制作前对选择好的竹子用材进行合理的加工处理。加工处理包括竹竿截取、脱油、漂白、矫正等。处理后的竹子寿命一般可以达到 30 年以上。

第一节
竹建筑用材准备与处理

一、竹竿的截取与脱油

根据竹建筑设计的需求，把竹竿截成需要的长度，使竹竿成为建筑需要的“竹段”，这步工序叫“竹竿截取”。竹竿的截取不仅长度要符合要求，而且还得注重竹段所带的节数，以体现竹子的美感和属性。而对面层朝外的竹段，应选择表面平滑、挺直的，一般多选竹竿的中上部。在锯竹时应注意从头至尾依次锯断，锯下的竹料应按类别堆放。

竹竿中含有一定量的水分、糖分、淀粉等，这些物质统称为“竹油”。把截取后的竹段放在高温下进行加温，使其中的竹油脱离，这步工序称为“脱油”。脱油方法有多种，常见的有“蒸煮法”“高温烧烤法”“炭化法”“烟熏法”。

1. 蒸煮法

将竹段放入烧碱水的锅内进行蒸煮，清除竹竿中的“竹油”，这种方法叫“蒸煮法”。蒸煮法一般采用长方形的大铁锅灶，或不锈钢槽锅，锅宽 0.6 米，深 0.45 米，长 6 ~ 8 米。先在锅中注入水，再加上烧碱，然后把已经截取的竹段放入锅内，烧碱水要浸没竹子后，再在锅下加温。水和竹子煮到水沸腾后，再煮 45 ~ 60 分钟，竹油便会逐渐从竹段中流出，再煮 45 ~ 60 分钟，竹子中的竹油便会消失。

待竹油从竹段中全部流出后，再把竹段取出，在清水池中清洗干净。可用水泥和砖砌成、高 0.7 米、宽 1 米、长度与蒸煮锅等同的水池。在清洗时可用 2 份细沙和 1 份稻壳混合起来，对竹段进行打磨，也可以采用不锈钢清洁球进行擦洗。注意在擦洗中不要损伤竹段的表面。待竹竿上面的污垢洗净后，放置到日光下自然晒干后即成。脱油后的竹竿比较轻，表皮呈金黄色，美观而整洁，不易发霉也不易遭受虫害。

2. 高温烧烤法

高温烧烤法是用喷枪对竹段进行高温烧烤，使竹段脱油的方法。高温烧烤法一般在条件有限的情况下使用，采用液化气喷枪对竹段的外表面进行均匀的高温烧烤，温度控制在300℃～400℃之间，待竹子表面呈现咖啡色即可。高温烧烤法既能让竹段脱油，又能增添竹段的色泽。

3. 炭化法

炭化法是一种经过高温高压处理，使竹子表面形成坚硬炭化微粒层，同时，竹子本身也会更加坚硬，并且达到防霉、防虫及脱油功效的方法。竹段在炭化过程中应控制在结构强度不变的情况下进行，炭化处理设备用圆体的压力炭化炉，直径一般在0.8～1.0米之间，长度在6～8米之间，此设备有专业生产厂家进行生产。高温炭化法使用广泛，其优点是不受地理环境限制，而且方法简单快捷，成本低。

4. 烟熏法

烟熏法是将经过去污处理的竹子，放入密闭的容器中进行烟熏，利用废木料、竹子和废燃料燃烧时产生的温度和烟雾，促使竹子脱油的方法。密闭容器的大小可根据材料的长短需要而设置。然后将烟熏后的竹子放入弱碱性的清水中进行清洗，晾干，使竹材的表皮形成咖啡色的色泽。

二、竹段漂白

竹段漂白是用化学处理的方法，使竹段达到洁白无瑕的效果。用漂白后的竹段装饰竹建筑，素静雅致，大方美观，别具风韵。

竹段漂白可以分为两个过程：氧化过程和还原过程。

氧化过程，即脱脂过程。先用水、双氧水（过氧化氢）和烧碱溶液，以100 ∶ 3 ∶ 3的比例配成氧化溶液。然后，把要漂白的竹段放入氧化溶液中，约8小时后取出并用清水洗，竹段呈现淡黄色。在氧化过程中，双氧水能把竹段中的纤维色素脱离出来，烧碱能脱去竹段中的油脂，加快氧化速度。如果要缩短氧化时间，可以加大双氧水的占比，但是烧碱的比例一定要少于双氧水，否则，竹段容易开裂。

还原过程。还原溶液由水、草酸和亚硫酸钠组成，配比为100 ∶ 4 ∶ 4。把经过氧化的竹段放入还原溶液中，约过8小时后取出，用清水洗，晾干，竹段即呈白色。如果淡黄色尚未完全退净，可以延长还原时间，直到漂白为止。

三、竹竿的成型与防开裂

在高温条件下，竹子会溢出竹液，质地变软，在外力作用下能弯曲成各种弧形，急剧降温后，又可使弯度定型。这一特殊性质，给竹竿的矫正成型带来了便利。

竹子在生长过程中，由于受到各种外界因素的影响，竹竿会出现弯曲现象。弯曲的竹竿是不适宜用作竹建筑的，必须经过矫正后才能使用。矫正的方法是把弯曲部位的节间放在火上烤，加温的幅度可以适当大些，并不断地来回转动弯曲部位，使其受热均匀。值得注意的是竹壁厚的地方，烤火的时间可以适当长些；竹壁薄的地方，烤火的时间可以适当短些。当竹子受到一定的热量时，它的材质就开始变软，这时顺势将竹材向需要矫正的方向加力，便能使其变直。然后用冷水或冷湿布擦拭，促使降温后的竹竿定型。

竹子有节，是个空心的腔体，放到外面一晒，空气一膨胀就容易开裂，这就是俗话说的“爆竹”。竹子的开裂是个自然现象，竹子的品种繁多，每种竹子的纤维组织各不相同，开裂的程度也不同。毛竹和红竹（包括长江一带的竹子）在结构上其纤维管束相互平行，纹理通直，容易开裂。竹子的开裂与竹子的生长环境和年龄也有密切关系。丛生竹和混生竹属于热带雨林植物，生长速度较快，竹子纤维管束相互平行、纹理通直中有交错，不易开裂。所以在加工竹子材料时，一定要选对竹子的品种，在加工中应注意竹子的纹理，不能超过竹子的耐受极限。

第二节
竹建筑构件的连接方式

图 4–1　形成规模与气势的竹立柱

竹建筑的主要支撑构件有柱子、横梁、斜梁、纵梁等，这是竹建筑的骨架，必须牢固。由于单根竹子长度不够，体量不够，牢度不够，就得进行加固、加大、加长处理（图 4–1）。加固、加大、加长的连接方式常见的有“捆绑连接”“金属件的连接”“榫的连接”“竹子弯曲的连接”等四种方式。

一、捆绑连接

整幢竹建筑需以立柱与梁为支撑，由于单根竹竿体量与重量不够，就得将多根竹竿进行组合。捆绑连接是将多根竹竿捆绑在一起，可以增加立柱与梁的结构强度。捆绑常用的材料是棕绳、铁丝等。有些棕绳在使用前经过油浸，使之具有一定韧性和力度。有的墙体需要整排的竹子骨架组合，这也得用捆绑连接，以形成规模与气势。值得提出的是捆绑连接也有不足之处，其一是竹竿比较细，容易断；其二是竹段捆绑时间长了绳索会松动。这些都得加以注意（图 4–2、图 4–3）。

二、金属件的连接

竹竿之间连接的常用方法是用金属件，这是现在普遍运用的方法。金属件的连接应采用“螺栓”。螺栓是一种配用螺母的圆柱形带螺纹的紧固件，由螺栓头和带有外螺纹的圆柱体螺杆两部分组成，需与螺帽配合，用于紧固连接两根带有通孔的竹竿。倘若把螺帽从螺栓上旋下，又可以使这两个零件分开，故螺栓连接是属于可以方便拆卸的连接。其方法是在竹竿并排的横向处开螺栓孔，多根竹竿用螺栓串联后，用紧固件紧固，用螺帽拧紧固定。

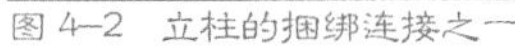

图 4–2 立柱的捆绑连接之一

图 4–3 立柱的捆绑连接之二

螺栓的直径应根据竹子的直径决定，一般螺栓的直径应小于竹竿直径的 1/10，与竹子接触的金属垫圈则应选择外圆大的垫圈。多根竹竿连接时，在钻孔时应垒加开孔，多根竹竿所钻孔的位置应保持在一条直线上，从而使捆绑连接的竹段整齐划一。

采用竹竿之间的金属件连接固定，只要操作规范，竹子与竹子之间的连接就不会对竹子造成损伤。因此，金属件的连接不仅稳固，达到竹结构的牢固连接，而且操作便捷，更换方便，大大节省了人力（图 4–4 至图 4–8）。

图 4–4 金属件连接之一

图 4–5 金属件连接之二

图 4-6　金属件连接之三

图 4-7　金属件连接之四

图 4-8　金属件连接之五

图 4–9　对竹竿的长度连接之一

在体积较大的竹建筑中，由于竹竿的长度达不到设计要求，就得对竹竿的长度进行连接，连接的方式就是用金属件连接来固定。这种将竹子无限地延伸到所需要的长度的方法，不仅巧妙地利用了竹子的韧性，使竹子的刚度和整体强度得到多倍增加，而且还体现了竹子骨架的美，体现出了竹子外表的质感和内在的肌理，展现出竹子的高雅气质（图 4–9 至图 4–13）。

图 4–10　对竹竿的长度进行连接之二

图 4–11　对竹竿的长度连接之三

图 4–12　对竹竿的长度连接之四

图 4–13　对竹竿的长度连接之五

三、榫的连接

大小圆竹的斗接拼镶主要靠“榫”，一般常见的是“插榫”。榫是由两根圆竹接合所特制的凸凹部分。凸出的叫榫头，凹下的叫榫眼。在圆竹的一端作榫头，在插入的圆竹处作相应的榫眼。榫头和榫眼相接时，有榫头的竹端应作“鱼口”，使其形成弧形的凹面，就像鱼张着嘴一样，以便和另一端的竹壁圆弧贴合紧密。为增强插榫的牢度，在插榫处还应辅以竹钉，使两者紧密固定。不同的部位，对竹钉的规格要求不同，承受重压的部位要用较粗的竹钉，装饰部位则用较细的竹钉。竹钉揳入的方向要顺着榫接的方向，以增加竹钉固定的效果。竹钉揳紧后，暴露在圆竹表面的部分，务必削平，并用砂纸磨光。

值得一提的是榫连接的地方容易出现竹子开裂，竹子的强度便会受到影响，必须计算好榫头与榫眼的对接距离，使两者相接恰到好处。

四、竹子弯曲的连接

在进行竹子的骨架建筑时，有相当一部分竹子应该根据设计需要，对挺直的竹段做有机的弯曲后才能连接。把直的竹子做成弧形弯曲的原理，与前面提到的竹竿矫正一样，用加热的方法进行处理，这道工序一般由两人配合才能完成。

竹子的弯曲必须使用挺直的竹段，还得用弯曲竹子用的“调曲架”，粗大竹子一般由两人配合才能完成，一人把竹子的一端插入调曲架中，另一人手提加热器，在需要弯曲的部位进行烧烤加热，加热幅度应根据竹子的直径和干湿度来掌握，使竹段弯曲的温度在 150 ～ 200℃之间，操竿者应不断地来回转动竹段，使竹段受热均匀。当竹竿表皮上烤出发亮的水珠竹油时，材质开始变软，这时把竹子缓缓向内用力，顺势弯成所需要的弧度，然后用冷水或冷湿布擦拭弯曲部位，促使其降温定型。

另一种弯曲竹子的方法是将竹段内部的节隔打通，里面装进黄沙，然后再缓缓地加热弯曲，冷却定型。这种在竹段内部装进黄沙进行火烤使其弯曲的方法，由于受热均匀，有两大优点，一是竹段弧度弯曲均匀，二是竹段不易开裂。

弯曲竹材的热源可用燃煤、堆火、液化气等。

图 4–14　基础部分安装之一

第三节
竹建筑的安装技艺

竹建筑的材料加工处理完成后，接下来便是竹建筑的安装。安装分：基础部分安装、屋顶安装和墙体安装三个部分。

一、基础部位安装

根据竹建筑图纸的设计要求，在建造的区域内应进行基础部位的安装。首先按设计好的竹建筑基础结构体量挖坑，浇注混凝土，做好竹结构框架的预埋。竹结构框架在预埋中，应保持立柱与立柱之间端顶的高度绝对一致，让立柱的高度在同一条水平线上，保证以后安装屋顶平妥稳固。竹建筑框架的立柱要与地面保持垂直，固定整个竹建筑结构的框架，做到立柱不挪动、结构框架不变形。

图 4–15　基础部分安装之二

预埋在混凝土内的立柱竹子，应先防止白蚁侵蚀和霉变腐烂。为达到这一要求，可预先将竹子放在水沥青中浸泡，也可将水沥青涂刷在竹子表面。其次是在预立竹柱的坑内，撒上防止白蚁侵蚀的药物。

框架结构安装后，应检查每组立柱的垂直度，检查竹子是否与基础结构连接牢固。然后，再进行横梁、斜梁、檩条等其他构件的安装。安装中，应让每根梁和檩条之间的连接达到固定与紧密，每根零件应平整地安装在同一个水平面上，并反复检查，给予固定（图 4–14 至图 4–20）。

图 4–16　基础部分安装之三

图 4–17　基础部分安装之四

图 4–18　基础部分安装之五

图 4–19　基础部分安装之六

图 4–20　基础部分立柱安装的竹排凳

二、屋顶安装

结构安装完毕后，接下来是覆盖竹建筑的屋顶。屋顶的每个边缘应保证平妥稳固，屋顶的平面应平整，排水应达到顺畅。

屋顶覆盖的防水材料可选择防水膜，要保证屋顶层面不漏水、不渗水。覆盖屋顶的材料多用剖开的竹段，削去竹内的节隔，用来代替陶瓦。也有用竹梢、茅草、芦苇、彩钢瓦、沥青瓦、砖瓦、热带植物叶等作瓦片的，可根据实际情况而定（图 4–21 至图 4–29）。

图 4–21　屋顶安装之一

图 4–22　屋顶安装之二

图 4–23　屋顶安装之三

图 4–24　屋顶安装之四

图 4–25　气势恢宏的屋顶安装

图 4–26 利用剖开的竹子作瓦片

图 4–27 屋顶安装竹梢

图 4-28　屋顶安装茅草

图 4-29　屋顶安装防水材料

图 4–31 悠然竹居一角 青岛世园会江西省展示馆

三、墙体安装

竹建筑的墙体立面应做到垂直平整，每个墙角保证在 90 度，没有夹角现象。墙体上排列的竹段应做到四平八稳，色泽调和雅致。门窗安装时应做到每扇门窗的大小一致，上下的边缘在同一条水平线上，门框的线条与窗框的线条应保持垂直平稳。

这里我们特推出竹建筑“悠然竹居”的安装式样，这座建筑是 2014 年“青岛世界园艺博览会”上江西省展示馆的作品。“悠然竹居”完全由竹建筑组成，立柱、屋瓦、墙体、挂落、门框、窗棂均运用了竹子，让竹的精神贯穿于建筑与装饰之中。竹居门框两边的对联“日暮佳人美清夜，春风达曙酣且歌”，改用东晋诗人陶渊明的诗句，勾勒出悠然竹居超凡脱俗的境界，成了归隐者闲适纵歌、诗酒人生的场地。“悠然竹居”的框架结构、屋顶与墙体的安装都颇具规范，是竹建筑中的经典（图 4–30、图 4–31）。

图 4–30 悠然竹居正面 青岛世园会江西省展示馆

第四节
竹建筑的油漆与保养

一座竹建筑的建造水平高低，其外观的色彩与光泽起到一定的决定作用。竹建筑一般不需要染色，充分利用竹子的自然色泽，突出竹子天然的材质美感。

油漆，对竹建筑至关重要，竹建筑经过油漆，不仅能延长寿命，而且还能增加色泽亮度，更为美观诱人。

图 4–32　10 年左右的竹建筑

一、竹建筑的油漆

油漆以前，应检查竹建筑上的竹钉和木螺钉是否紧固，然后针对竹建筑上留下的各种标记和疵点，进行清洁处理。

竹建筑在施工过程中，其表面往往会出现裂痕、缺陷和钉孔，对于这些裂痕、缺陷和钉孔，在油漆前必须填补好，调配一种填充物嵌补，这种填充物就叫“泥子”。配制的泥子色泽必须与竹建筑表皮的颜色一致。

图 4–33　20 年左右的竹建筑

目前竹建筑的油漆主要用的是“醇酸清漆”，这种清漆含有醇酸树脂，还有相关的催干剂以及有机溶剂，是作为竹建筑的面层罩光用的。这种涂料有较好的附着力和耐久力，漆膜柔韧，耐光照，能在室温下干燥。

竹建筑的油漆施工一般分两次进行，第一次是“打底”，可以选择合适的油刷来操作，刷毛用猪鬃制成。操作时，上下左右移动要用手腕来转动，落刷要轻，起刷要浮，每个角落都要刷到，并使漆膜层厚度适宜，保证竹建筑表面没有油漆滴泪和刷痕。第二次可用喷涂来代替手工操作，喷涂的特点是施工效率高，喷布均匀，漆膜丰满，没有刷痕，凡有条件的都应使用喷漆机进行喷涂。

二、竹建筑的保养

竹建筑由于受到环境和气候的影响，竹子表面会出现风化的现象，因此，建造后需要每年进行一次保养。首先，竹制建筑应注意干燥通风，若在潮湿阴暗处，会滋生微生物，容易发霉。因此，要经常清洁缝隙当中的脏物，并且用清水冲洗干净，及时晾干。

竹建筑要防止虫蛀，防止的办法是用开水加一定数量的食盐在干净的竹建筑上擦拭。若发现虫蛀，有两种处理方法：一是将辣椒或花椒捣碎，塞入蛀虫孔中，然后用开水冲刷，达到灭虫的效果。二是用煤油与微量敌敌畏调和均匀，滴入虫蛀的孔中，也能灭杀竹子中的蠹虫。

值得提出的是竹建筑的使用寿命不长，室外的竹建筑，常年受到风霜雨露的侵蚀，一般维持在25年左右，经部件材料更换后，使用寿命可以延长。室内的竹装饰，根据空间的环境大小而定，环境大的，受干扰因素多，一般能维持30年左右。环境小的，受干扰因素少，一般能维持40年左右（图4—32至图4—34）。

图4—34 25年左右的竹建筑

造型篇

高雅中蕴含俊美，
土气中不落俗套。

竹冠亭　宜宾高桥竹村竹景观

千百年来，人们不仅居住环境离不开竹子，把大自然的竹子融入建筑之中，更是把竹子这种优秀的材料开发到了极致。让人们无不感受到它们那种“源于自然，归于自然”的简素之美。

在我国江南园林中，经常可以看到质朴自然、典雅清新的竹制建筑物，常见的有亭、廊、桥、楼、牌坊、圆门洞、隔断、花架、篱笆等。这些建筑的立柱、梁枋、椽檐都用竹子榫接而成，甚至屋顶的瓦片也用竹子制作：或将毛竹劈成两半，去除节隔后作长瓦；或将竹筒一行一行排列在屋顶上，成为瓦垄。竹建筑的巧匠们在建筑装饰的设计构成上，有苦心的琢磨，也有灵巧的运用。他们解决了竹子节多、圆筒腹空、质韧柔软、与园林建筑中的大柱大檩的非凡气度很难协调的矛盾，克服了穿凿打孔时腹空难拼、榫头难接、壁薄不固的缺陷，在既尊重自然创造又不受自然约束的基础上，经过艺术想象和加工，巧妙利用竹竿的圆弧及竹节的坚固，经过斗、拼、镶、嵌等竹艺，制作出各种建筑造型与图案，自成妙趣，巧不可言。艺人们还将长条竹竿竹片拼镶成粗大的立柱、梁枋，构成建筑装饰景观，寓艺术于自然之中，宛若天成，不留人工雕琢之痕，格调朴素高雅，意境幽远清新。

目前，以竹为梁、柱、椽、壁等的建筑，在竹产区已较为普遍，如四川宜宾沿长江错落有致的各种竹亭，浙江杭州西湖具有田园风光的竹亭、竹廊、竹楼，浙江安吉城乡的各式竹建筑，北京紫竹院公园内各种古色古香的竹亭、竹厅、竹轩、竹廊等。这些富有乡土气息的竹建筑景观，具有小巧玲珑、质朴实用、易建造、易更新、造价低等特点，让人们感受到清新、朴素、雅致的意境。

桃花源里正面

第五章 竹建筑中的亭

亭，四面临风，小巧玲珑，是一种供人休憩、眺望和观赏的园林建筑小品。亭的建筑体量虽小，却独立而完整，它形式多样，轻盈多姿，达到自然美、艺术美的高度统一。许多引人入胜的园林，都离不开亭的点缀，亭素有“园林眼睛”的美称。

从亭的平面造型来看，有圆形、方形、扇形、四角、六角和八角等多种，还有海棠花形、梅花形、“圭”字形等象形亭，真是五花八门，变化多端。从亭的立体造型来看，则有单檐亭、双檐亭、攒尖顶亭、歇山顶亭、穹顶亭、半亭、金字塔形亭、平顶亭等，可谓是形形色色，丰富多彩。

“茅亭宿花影，药院滋苔纹。”在我国古典园林中，对亭的设施和建筑，追求的是质朴自然的山林野趣。而用竹子建造的亭，是建筑中最常见的形象之一，它的柱、梁、檐都用竹子榫接而成，甚至竹亭的瓦也用竹子劈成两半盖成或用竹筒排列成瓦垄。先将竹竿纵向剖分成 2 个半圆的竹片，去除中间节隔，竹片交错排列如同瓦片一样覆盖于亭子顶部。去除中间节隔的竹条具有排水功能，交错排列使得竹条上的竹节同瓦片一样产生类似鳞片的效果。用竹子建造的亭不仅真正体现了质朴自然的材质美感，而且也折射出山林野趣的意境。

用竹建筑的亭和周围的湖光山色和谐地融为一体，或伫立于山冈之上，或依附在建筑之旁，或漂浮在江湖之畔，或挺立在桥的中央，和周围的环境互为衬托，相映成趣，处处成景，深得文人雅士的欢心，同时也为普通老百姓提供了憩息场所（图 5–1）。

图 5–1　六角亭　浙江安吉乡镇

图 5–2　石寨竹亭　浙江云和梯田

然而，竹亭也有很大的局限性，那就是不容易长久保存，因竹子每到 4–9 月的潮湿季节，温度较高，极易霉蛀，从而大大减少了竹亭的使用寿命。历代留存下来的竹亭现在根本无法找到，现存的竹亭都是近年来建造的。这些竹亭，有的是根据历史遗迹仿造的，有的则是根据环境的需要建造的，这里特撷取几座重新建造的竹亭（图 5–2 至图 5–5）。

图 5–3　四方竹亭　浙江安吉万竹园

图 5–4　望柯亭　浙江绍兴柯岩景区

图 5–5　月老亭　江苏无锡蠡园

图 5–6　凉亭　杭州植物园

杭州植物园的竹凉亭为单檐六角攒尖顶亭。单檐者，单层也；攒尖顶，是由各戗脊内的竹构架柱，向中心上方逐渐收缩，最后聚集在亭顶垂直的竹柱上。这根攒尖竹柱起着平衡亭顶的作用，它就像一把遮阳伞的伞柄，支撑着一根根伞骨，平稳地张开着，倘若伞柄不牢固，伞骨便会松散。这座攒尖顶亭的檐角呈反翘，形成展翅欲飞的姿势，而反翘的檐角则是毛竹的脊梁延伸而成。六根亭柱为漆成绿色的毛竹柱，为防潮湿，有石鼓柱础相托。亭的上方有简洁的竹枝挂落，下方有美人靠式的坐椅。亭内的天花顶棚为六角形的竹条排列，向中间汇聚，显得典雅整洁。凉亭的结构虽简洁，但形态十分端庄（图 5–6 至图 5–9）。

图 5–7　凉亭上部飞檐　杭州植物园

图 5–8　凉亭顶棚六边形装饰　杭州植物园

图 5–9　凉亭挂落装饰　杭州植物园

来到北京紫竹院公园，便来到了竹子的王国。最令人瞩目的便是这里用竹子建成的方亭、长方亭、圆形亭，还有歇山式顶亭。紫竹院公园是北京夏日赏荷的好地方，坐在竹亭内，闻着阵阵荷花清香，凉风习习，显得典雅而秀美，给人以视觉上的美感和心灵上的愉悦（图 5—10 至图 5—13）。

图 5—10　长方形竹亭　北京紫竹院公园

图 5—11　方形竹亭　北京紫竹院公园

图 5—12　圆形竹亭　北京紫竹院公园

图 5–13 歇山顶形竹亭 北京紫竹院公园

随着旅游事业的发展，竹亭在园林中的运用愈来愈广，形式愈来愈多，除了正多边形亭，还出现了伞亭、蘑菇亭、三角亭、重檐亭等造型，给人以耳目一新的感觉，为华夏的秀美河山添上了俊雅的一笔（图 5–14、图 5–15）。

图 5–14 伞亭 山东青岛园博园

图 5–15 重檐八角亭 福建厦门

四川省宜宾市翠屏区李庄镇高桥竹村，围绕在苍翠的竹林中，该村以传统的竹产业做文章，种植了 30 多个品种的竹，集观竹、赏竹、品竹为一体，成为振兴竹产业特色农旅融合的示范村。该村精心装点竹子风光，在村头扬起了“高桥竹村”的风帆，以竹建筑代表长江第一城的始航（图 5–16）。并相继建成了“雨霖亭”“祝愿亭”“飞跃亭”“冠竹亭”“圆竹亭”等多个纯竹结构建筑，使高桥竹村迅速成为宜宾近郊的旅游景点。

图 5–16　竹帆　代表长江第一城的始航

图 5–17 雨霖亭 宜宾高桥竹村 曾伟人 设计

“雨霖亭”是高桥竹村的标志性竹建筑，为纪念李庄近代唯一的举人胡雨霖而建。设计师曾伟人受高桥村村民勤劳致富使得村落竹林茂密、柑橘丰收的启发，将“雨霖亭”的顶部设计成一片竹叶和一片柑橘叶片的交织，侧面的外观形式像川酒文化中饮酒用的古酒杯及文人才戴的学士帽，内部结构采用高桥圆拱的造型。为保证室内的采光，设计者有意将竹叶和柑橘叶片双层架空重叠，使整个室内通透明亮。这座竹建筑长 25 米、宽 16 米、最高点 8.3 米，给人以大气、宽敞的感觉（图 5–17 至图 5–19）。

图 5–18 雨霖亭前半部

图 5–19 雨霖亭内部

图 5–20　冠竹亭　宜宾高桥竹村

如今走入高桥竹村，就如同走入一幅鲜活生动的竹景画卷，满目皆绿，步步生景。在这里，一仰头就是沙沙作响的竹林，迎面吹来带有“竹韵”的凉风，竹林旁又有小河，河上还浮着乌篷船，有名家大师所打造的竹建筑艺术空间。于纯竹结构的雨霖亭中小憩，在有着美好寓意的飞跃亭上望远……舒缓、惬意、宁静。这里已然成为旅游热门打卡地、名副其实的“网红村”（图 5–20 至图 5–25）。

图 5–21　冠竹亭内部之一

图 5–22　冠竹亭内部之二

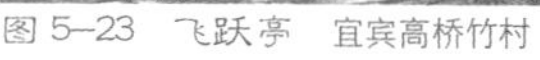

图 5–23　飞跃亭　宜宾高桥竹村

图 5–24　圆竹亭　宜宾高桥竹村 曾伟人设计

图 5–25　圆竹亭上部竹结构

图 5–26　巨型伞亭　宜宾蜀南竹海博物馆

四川省宜宾市蜀南竹海博物馆位于中国国家风景名胜区、中国旅游胜地四十佳之一的“蜀南竹海”景区内。博物馆区占地 10 亩，主馆建筑面积 3800 平方米，主体建筑在墨溪河的水面上。建筑呈川南民居风格，园林式布局，楼、台、亭、廊相连相通。三个巨大的伞亭式建筑代表世界三大竹区，亭体由竹柱排列，分六个层面，呈伞形往上延伸，形成巨型的伞亭，气势恢宏。人们在亭下可以休息畅玩，别有情趣。这三个巨型伞亭，分别为亚太竹区亭、美洲竹区亭、非洲竹区亭，代表世界上产竹子的三个主要区域（图 5–26 至图 5–28）。

图 5–27　巨型伞亭全景　宜宾蜀南竹海博物馆景观

图 5–28　巨型伞亭局部　宜宾蜀南竹海博物馆景观

图 5—29　铜鉴湖亭　杭州灵山铜鉴湖景区

杭州灵山铜鉴湖，位于西湖区双浦镇灵山风情小镇内，是六朝时期钱塘第一湖，也是杭州历史上比肩西湖的著名湖泊。铜鉴湖景区内的“铜鉴湖亭”，宽敞结实。4 根亭柱分别由 20 余根竹竿用麻绳捆扎而成，往上分开延伸后支撑出亭的形体，造型新颖而别致；亭顶覆以细竹枝，典雅而整洁；4 根竹柱间，是 3 条用 5 根竹竿拼接而成的凳面，方便而得体（图 5—29）。

游人步行进入铜鉴湖景区的花海公园内，仿佛进入花的海洋，在这花团锦簇的环境中，“花海竹亭”显得格外醒目。该亭呈平缓的攒尖顶式样，四根亭柱均用毛竹捆扎而成，每根亭柱有 20 余根毛竹组合，往上延伸后分开，支撑出亭的空间，轩朗而大气。亭顶覆以细竹枝，与毛竹亭柱互为呼应，使整座亭显示出竹的属性。游人进入亭内，犹如身临世外桃源（图 5—30）。

图 5—30　花海竹亭　杭州灵山铜鉴湖景区

“蔡侯台竹景观公园”是宜宾沿长江竹子景观风景线上的又一个漂亮景点。宜宾素有“长江第一城”的美称，公园建在宜宾纸业厂区大门外，为纪念东汉造纸名家蔡伦而建。蔡伦改进造纸术，制成的“蔡侯纸”，被列为中国古代“四大发明”之一，对人类文化的传播和世界文明的进步作出了杰出的贡献。

蔡侯台竹景观公园以蔡伦造纸为背景，将造纸文化布局于公园的每一个角落，展示了蔡侯造纸工艺中的切麻、洗涤、蒸煮、漂洗、舂捣、打浆、抄纸、晒纸等全部工序。

蔡侯台竹景观公园造型独特，视野开阔，用竹子建成了“风篷”（图 5–31 至图 5–33）与“飘动”（图 5–34 至图 5–36）两组亭形景观。环境优美，让大家在了解造纸技术相关知识的同时，也能放松身心。天气好的时候，从这里还可以看到不远处的瀛洲阁，使人心旷神怡。

图 5–31　风篷　四川宜宾南溪蔡侯台　王和平设计

图 5–32 风篷局部

图 5–33 单体风篷

图 5–36　飘动局部

图 5–34　飘动　四川宜宾南溪蔡侯台 江安何氏竹工艺有限公司创制

图 5–35　飘动局部

图 5–38 休闲竹亭局部

图 5–39 休闲竹亭顶棚

浙江安吉鲁家村家庭农场万竹园内的“休闲竹亭”，以休闲、度假、观赏为主题。竹亭采用中国江南风格的飞檐翘角，翘角平缓，有八只，故称八角亭。该竹亭由曾伟人设计，江南竹子研究设计中心施工。竹亭全部为原竹框架曲线结构，最大直径 14 米，最高高度 8 米，16 根立柱采用直径 120 毫米与直径 60 毫米竹子组合而成，呈圆形围拢。亭的中间无立柱，使人们感到空旷、自然、亲切。该亭材料全部采用当地竹子，耗用毛竹约 1.25 万千克（图 5–37 至图 5–39）。

图 5–37 休闲竹亭 浙江安吉鲁家村家庭农场万竹园

江西省万安县枧头镇夏木塘村，气候温暖宜人、自然景色优美，古树繁茂且造型奇特，是理想的观光旅游目的地。2018 年开始，人们按照“设计改变乡村、艺术修复乡村、文化引领乡村、产业振兴乡村”的理念，对夏木塘村进行了改建，在充分尊重乡村原始风味的基础上，因地制宜建设了竹建筑景点如伞亭（图 5–40、图 5–41），展现了 20 余种民间传统游戏。景区体现了“趣味”和“游戏”的主题，实现了从“空心村”到“趣味村”的转变。

图 5–40　竹制伞亭　江西省万安夏木塘村

图 5–41　竹制伞亭俯瞰　江西省万安夏木塘村

图 5–42　在园林高处建造的竹亭　江西景德镇

在园林中设亭，关键在位置。在园林高处设亭，既是仰观的重要景点，又可供游人统览全景；在叠山脚边设亭，可衬托山势的高耸；在临水处设亭，可取得倒影成趣效果；在林木深处设亭，既含蓄又蕴意境。因此，亭是园中“点睛”之物，多设在视线交接处，形成构图中心。江西景德镇在园林高处建造的竹亭（图 5–42），便是一例。

竹亭，这具有东方特色的园林建筑小品，正以它小巧玲珑、翚飞多姿的姿态，散发出愈来愈诱人的光彩。

第六章
竹建筑中的廊

廊，是建筑的组成部分，是指屋檐下的过道，为独立有顶的通道。廊的主要功能是游走，故又有走廊、游廊、回廊之称，具有遮阳、防雨、小憩等功能。相对于园林中其他建筑来说，廊是中国园林中最富特色的建筑之一。廊是线，阡陌交通，增加了园林景深层次、分割空间，是组合景物和园林趣味的重要设置。“东方袅袅泛崇光，香雾空蒙月转廊。” 宋代豪放派大词人苏轼也醉倒在这古典园林九曲回廊的神韵之中。

在竹建筑中，廊具有轻巧、雅致、俊秀、飘逸的特点，颇具自然风韵。竹廊对庭院空间的处理、体量的美化、景区的划分、空间的形成变化、引导游人、增加景深和连接亭台楼阁，具有一定的作用。竹廊造型既可为简短的直廊，也可为随地形设计的曲廊。

竹廊常配有几何纹样的栏杆、坐凳、鹅项椅（即美人靠）、挂落；隔墙上常饰以什锦灯窗、漏窗、月洞门、瓶门等各种装饰构件。这些竹制构件及几何纹样，是竹制艺人们把大小、全圆、半圆的竹竿、竹节、竹篾巧妙地组合在一起，运用镶、嵌、拼、斗等巧艺处理制成的，雅俗共赏，清新典雅。

图 6–1　竹长廊　杭州花港观鱼公园

图 6–2　竹长廊　杭州花港观鱼公园

地处杭州西湖花港观鱼公园内的水榭式竹制长廊（图 6–1、图 6–2），其柱梁、脊瓦和围廊栏杆，均采用竹竿的粗细圆弧和竹节的外形质地，经过巧拼妙镶制作而成。水榭式竹制长廊称“濠上乐”，名字取自《庄子与惠子游于濠梁之上》。该文讲述庄子与惠子两位辩论高手，同游于濠水的一座桥梁之上，俯瞰鱼儿自由自在地游来游去，因而引起联想，展开了一场人能否知鱼之乐的辩论。一力辩，一巧辩；一求真，一尚美；一拘泥，一超然，让人读后会心一笑、沉思良久。

图 6–4　长廊上部装饰　杭州花港观鱼公园

水榭式竹制长廊犹如一条清幽的竹龙，恬静地卧于湖面上，衬着周围参差而茂盛的林木，将身影倒映在碧绿的湖水中，为人们提供了赏心悦目的憩息场所。长廊设计巧妙，制作精美，在西湖上已挺立多年。今特以各种角度来显示这座竹制长廊的全部与局部，以飨读者（图 6–3 至图 6–7）。

图 6–3　长廊侧面　杭州花港观鱼公园

图 6–7　长廊局部　杭州花港观鱼公园

图 6–5　长廊挂落与窗格　杭州花港观鱼公园

图 6–6　长廊栏杆　杭州花港观鱼公园

图 6–8　赋幽竹园一角　江苏无锡

地处江苏无锡锡惠公园内的赋幽竹园长廊，在质朴雅致的整体格调下，追求一种简约单纯之美。然而，简约不是简单，单纯也不是单薄。简约、单纯之美的艺术意境是丰厚的，那用竹筒竹节制作成的建筑，深邃而秀雅，毫无娇艳粉饰的俗态，充满了清新淡逸的气韵（图 6–8 至图 6–11）。

图 6–9　赋幽竹园内景　江苏无锡

图 6–11　赋幽竹园门楼局部　江苏无锡

图 6–10　赋幽竹园正门　江苏无锡

而在有“毛竹之乡”之称的浙江安吉，大竹海的建造设计者匠心独运，在竹海中融入了这设计精妙、古典雅韵的连廊——夕照廊（图 6–12），串联起生活的悠远深长。

安吉大竹海，依山傍水，竹连山、山连竹，浩瀚绵延，满目苍翠，蔚为壮观。大竹海是以安吉县天荒坪镇五鹤村为中心的一片面积达 666.7 万平方米、以毛竹为主的林地。大竹海有“中国毛竹看浙江，浙江毛竹看安吉，安吉毛竹看港口（五鹤村原属港口）”之美誉。图 6–13 是安吉大竹海之百米长廊。

图 6–12　夕照廊　浙江安吉

图 6-13 安吉大竹海之百米竹廊

图 6–14　安吉大竹海百米竹廊栏干与坐凳

在安吉大竹海景区内，原来有座沿斜坡建造的百米竹廊，后来遭到损坏。2018 年 5 月，竹建筑家曾伟人在原来的竹廊结构基础上，进行了重新设计与改建。百米竹廊除了立柱浇筑在混凝土的基础墩内，主要结构全部采用专用五金件和螺杆连接。竹子材料进行全炭化处理，廊的栏杆可以随意拆卸和更换，降低了竹子霉变和虫蛀的概率。廊顶结构不采用横梁，从而使竹廊的内部空旷，无压抑感。顶面经过严格的防水处理，面层上面覆盖竹梢。廊与平地交接处的栏杆为竹排形式坐凳，搁置在柱墩上，既便于游客休息，又不占用竹廊内部空间。竹廊以当地原竹为材料，在斜坡上有 10 米落差，造就了竹廊丰富的层次感。从侧面看，百米竹廊层层向上，错落有致；从坡下低处纵向观望，塔形竹廊直冲云霄，象征大竹海景区的竹子生机勃勃，蓬勃向上（图 6–14 至图 6–16）。

图 6–15　安吉大竹海百米竹廊侧面

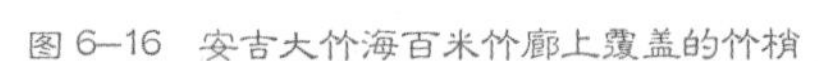

图 6–16　安吉大竹海百米竹廊上覆盖的竹梢

图 6–17 竹长廊　云南昆明古滇王国

2000 多年前，云南滇池东岸有一个古国，司马迁在《史记》中称之为“滇国”。滇国是中国西南边疆古代民族建立的古王国，人们为缅怀这个古王国，设置了许多纪念性建筑，架设在滇池水面上的竹制长廊便是其中之一（图 6–17）。

竹廊，往往能将园内之景与园外山景连在一起，令其互为映衬。来到此地的人们，不自觉地放慢了脚步，驻足观赏建筑与自然的和谐之美，内心平和，与大美自然产生了共鸣。

第七章
竹建筑中的桥

图 7–2　九曲竹栏桥　浙江安吉

桥，一般指架设在江河湖海上,可让车辆行人等通行的构筑物。竹桥是一种竹结构桥梁，材料选用竹材，给人以高雅古朴的感受。竹桥种类很多，有平直的梁桥、凌空的索桥、别样的浮桥、优美的拱桥，在一些农家乐或旅游景点修建的竹桥，增加了农家和旅游地的自然美，带给游客清爽幽静的感觉，让人流连忘返。走在小巧的竹桥上，看着潺潺的流水，感受一下周围环境的优雅与宁静，是一件十分惬意的事（图 7–1、图 7–2）。

图 7–1　竹结构桥梁　曾伟人设计

图 7–3 大盈江竹桥 云南盈江县

园林中的竹桥不仅有方便交通、引导游览的作用，而且还有分隔水面构成风景与点缀风景的功能。竹制的桥梁，具有轻盈、自然、简洁、美观、别致的特色。竹桥主要采用竹子建成，也有辅以木材的。竹桥一般建于南方农村，城市里很少见到。在南方，竹桥横跨于小溪上，颇有些“小桥流水人家”的意味。

大盈江竹桥，是原生态的傣家竹桥，横跨在大盈江上（图 7–3）。在暖暖的夕阳下，水面上波光粼粼，两岸是苍翠的竹林，几个傣族妇女的身影出现在竹桥上。她们有的戴着斗笠，有的撑着凉伞，有的担着行囊，有的提着货物，有的背着小孩，从容地在竹桥上行走着，形成了一幅暖到心窝的美好景色。

盈江县，隶属云南省德宏傣族景颇族自治州，位于云南省西部，因大盈江贯穿整个县城而得名。大盈江在盈江县境内水流平缓，因此在江面上形成很多河滩，沿江两岸的村民依然依靠这种原生态的竹桥过江。横跨大盈江河面有好几座竹桥，竹桥的主要材料就是当地盛产的竹子。傣族人是利用竹子的好手，建造出来的竹桥是完全的手艺活，显得特别结实，人走在上面丝毫没有晃动感。这种竹桥看似单薄简陋，在结构和形态上虽不如其他景区那种被赋予艺术美的竹桥，但承重强度却不容小觑，成年人驾着摩托车，载着重物都能轻松地急驰而过。

大盈江竹桥，是凝结着傣族村民生活智慧的江上竹桥，不仅方便了两岸往来，更成了大盈江上一道亮丽的风景线。今天，当许多原生态的景物渐渐消失时，一座座原生态的傣家竹桥却依然横跨在大盈江上，传承了傣族人的生活智慧。

1985 年出生的山东小伙子邵长专是一位研究竹建筑的博士。2018 年，他与他的团队用 716 根毛竹，在重庆山区建了一座竹桥，全长 21 米，成为农村跨度最长的竹桥之一，并突破了竹桥耐久性的局限，能维持 30 年以上。值得一提的是这座在重庆小山村建造的竹桥获得了“2019 年 RICS 中国年度大奖评委会特别奖”，该奖被称为房地产和建造领域的“奥斯卡”。2018 年 6 月，邵长专团队还为在北京国家会议中心举行的世界竹藤大会创制了一座竹桥，放在展馆大厅前面的广场上，寓意通过竹桥来达到世界竹藤会员国“推动绿色发展，实现合作共赢” 的主题（图 7–4）。

竹桥不仅适合于农村山区，也适合城市里的人行天桥，它给繁华的闹市带去几分清雅。当竹桥承重柱到了使用极限后，可以更换，能够满足竹桥在城市使用 30–40 年的寿命需求。

图 7–4　邵专长为世界竹藤大会创制的竹桥　北京国家会议中心展示

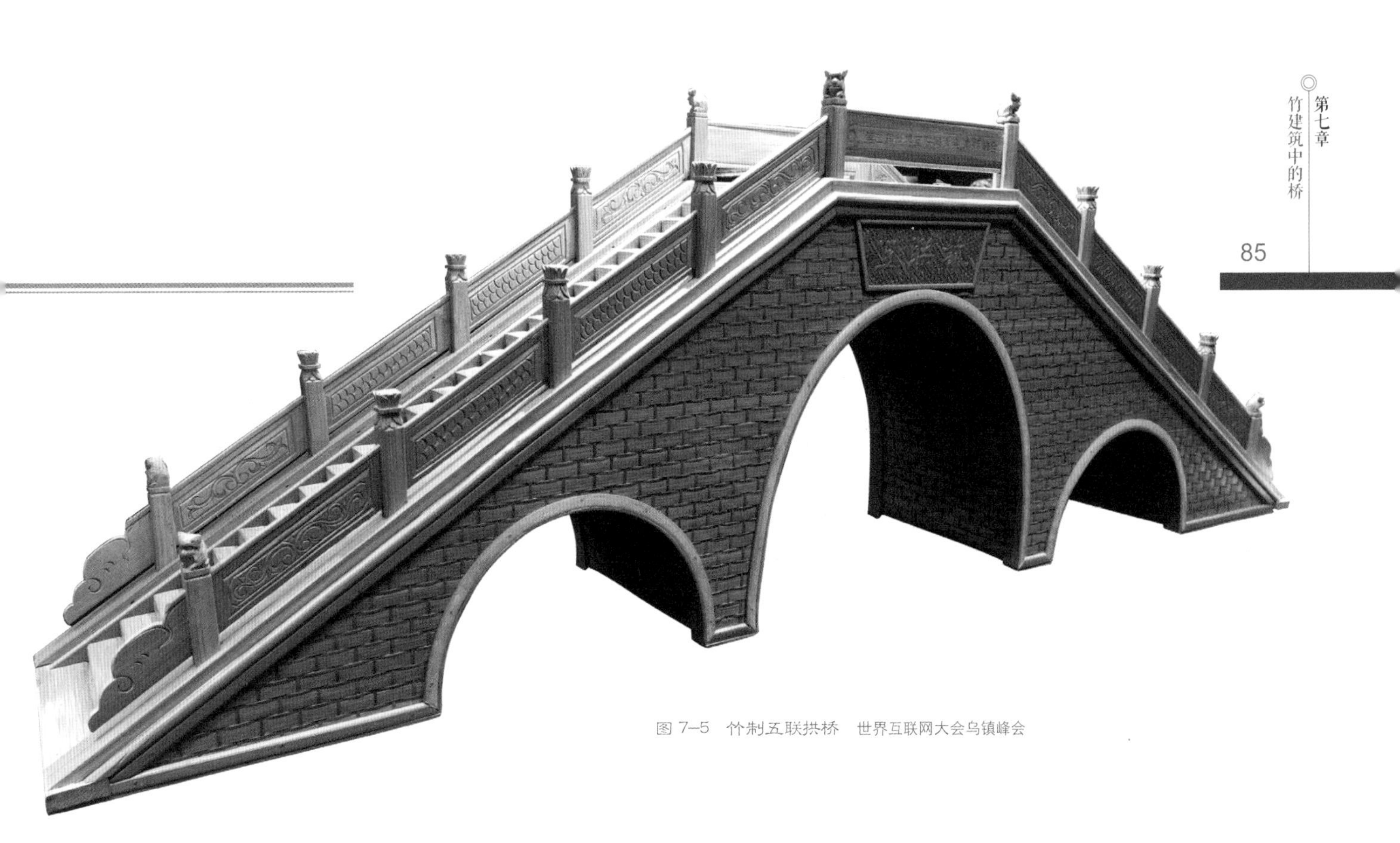

图 7–5　竹制五联拱桥　世界互联网大会乌镇峰会

世界互联网大会，是由中国倡导并每年在浙江省嘉兴市桐乡乌镇举办的世界性互联网盛会，大会由国家互联网信息办公室和浙江省人民政府共同主办，让各国在争议中求共识、在共识中谋合作、在合作中创共赢。首届世界互联网大会于 2014 年 11 月 19–21 日在乌镇举办，创办者创作了“竹制五联拱桥”，旨在搭建中国与世界互联互通的桥梁（图 7–5）。

由湖南大学土木工程学院肖岩教授领衔设计的“来阳竹桥”，在 2007 年 11 月 20 日通车。为什么称它为“竹桥”呢？因为用于承重的 9 根 10 米长的大梁全都是竹材，竹梁之间的横隔板也是竹材，两者全部采用螺栓连接。2008 年 11 月 10 日，“来阳竹桥”被美国著名科技杂志《科技新时代》评为 2008 年度最佳工程创新奖，这是我国继“水立方”项目获此殊荣后，又一个获得该奖的项目。

杭州植物园地处杭州市西湖区桃源岭，是一所具有公园外貌、科学内涵，进行植物科学和环境科学研究的地方性植物园。杭州植物园已成为西子湖畔一座名副其实的绿色宝库，是浙江省植物标本收藏最多的单位之一，博得了国内外同行的赞赏。植物园内的竹亭、竹廊桥、叠石、水泉，衬托着四季花木，天然成趣，其中尤以竹廊桥最为出名。在此，我们专门以各种角度，拍摄了竹廊桥的横立面、直立面、左侧面、右侧面、仰立面，以及竹廊桥立柱、梁枋、挂落与栏杆，供大家细细鉴赏（图 7–6 至 7–12）。

图 7–6　竹廊桥（横立面）　杭州植物园

图 7–7　竹廊桥（右侧面）　杭州植物园

图 7–8　竹廊桥（左侧面）　杭州植物园

图 7–9　竹廊桥（直立面）　杭州植物园

图 7–10　竹廊桥（仰立面）　杭州植物园

图 7–11　竹廊桥立柱、梁枋与挂落　杭州植物园

图 7–12　竹廊桥栏杆　杭州植物园

第八章
竹建筑中的牌坊及篱笆

这一章中，我们讲述的是竹建筑中的牌坊、门楼、居室与篱笆。从竹建筑的角度看，这些建筑少了几分雄浑与庄严，多了几分清雅与野趣。

第一节
竹牌坊与竹门楼

牌坊，又名牌楼，为门洞式纪念性建筑物，属中国传统建筑之一。牌坊作用很多，有一些建筑以牌坊作为山门，有的用牌坊来标明地名，还有的以牌坊作为企业大门。用竹建筑的牌坊，景观性很强，起到点题、框景、借景等效果（图 8–1、图 8–2）。

图 8–1　万竹园牌坊　浙江安吉

图 8–2 ’99 昆明世博会竹园巨龙竹牌坊

竹制牌坊使人感受到竹文化的氛围。城乡建设中的牌坊则多为有传统特色的标志物，建于风景区或街区等入口位置。由于竹制牌坊保存不长久，往往作为一种临时性的装饰物，多用于盛大活动、庙会、集市的入口处，会期一过即拆除。牌坊顶部往往安装五彩电灯泡，色彩缤纷，以增添喜庆氛围（图 8–3 至图 8–5）。

图 8–3 伞盖式的门坊

图 8–5　公共场所的门坊　浙江安吉

图 8–4　企业竹门坊　浙江嵊州大自然竹编厂

图 8–6 百合庄园牌楼 浙江安吉

图 8–7 门牌建筑 江西景德镇停车场

门楼一般为两层，是中国传统建筑之一，是一户人家的“门面”，直接反映主人的社会地位和经济水平，所谓“门第等次”即此意，故名门豪宅的门楼建筑特别考究。门楼顶部结构和筑法类似房屋，门框和门扇装在中间，顶部有挑檐式建筑。

竹建筑的门楼是以竹材为主体的具有传统特色的门户牌楼，既可用于园区或庭院的大门，也可作为景观建筑的标志或其他建筑的门面，具有较高的艺术和文化价值，是一种独特的竹木建筑（图 8–6、图 8–7）。

图 8–10　乡村大世界
竹廊透视　安徽芜湖

安徽省芜湖市“乡村大世界”位于大浦乡，依托农业旅游示范点大浦建设试验区而建造，是旅游产业与现代农业高度结合的可贵探索。景区以生态农业和现代农业产业化为运营基础，营造了以旅游观光、乡村体验、田园度假为重心的新局面。由曾伟人担任设计的“乡村大世界”于 2002 年 2 月建造完成，既有外景又有大棚内景。竹子建造的外景是引入内景的必经之地，入口门楼采用徽派建筑形式，并与竹廊相接。大棚内部种植蔬菜水果采用原竹框架结构，便于藤蔓生长攀爬（图 8–8 至图 8–13）。

图 8–8　乡村大世界入口门楼　安徽芜湖

图 8–9　乡村大世界竹廊　安徽芜湖

图 8–11　乡村大世界内景　安徽芜湖

图 8–12　乡村大世界竹篱笆中的竹亭　安徽芜湖

图 8–13　乡村大世界入口之一　安徽芜湖

第二节
竹建筑居室及竹篱笆

说起竹建筑的居室，我们便会想起 2014 年青岛世界园艺博览会上江西展馆中的竹建筑“桃花源里”。那是一幢一排三间、中间有一层攒尖顶的楼房，“桃花源里”的名称来自东晋诗人、辞赋家陶渊明的《桃花源记》，该散文讲述的是一个世上并不存在而深为人们向往的世外桃源。“桃花源里”的整座建筑都由竹建筑而成，立柱、屋瓦、墙体、挂落、门框、窗棂均运用了竹子，让竹的精神贯穿于建筑与装饰之中。中间是用竹竿弯曲而成的圆洞门，圆洞门的两侧是对联，上联是“结庐在人境，而无车马喧”；下联是“问君何能尔？心远地自偏”。选自陶渊明创作的组诗《饮酒二十首》的第五首，意思是说，自己的住所建在人来人往的环境中，却听不到车马的喧闹；你如能做到，便能超脱世俗的利害而进入淡然的精神世界，表现了作者悠闲自得的心境和对宁静自由的田园生活的热爱。

图 8–14 桃花源里正面

图 8–15　桃花源里侧面

图 8–16　桃花源里中间

“桃花源里”整座竹建筑具备特有的诗意与风雅，在滚滚红尘中勾勒出一个令人神往的世外桃源。竹建筑的设计者以陶渊明创作的《桃花源记》为源泉来命名这座建筑，以陶渊明创作的诗歌中的句子作为这座建筑的对联，抒发了作者宁静安详的心态和闲适自得的情趣，以及返回大自然的人生理想，其创作思想是不言而喻的（图 8–14 至图 8–17）。

图 8–17　桃花源里的墙面竹装饰

图 8–18　竹篱笆　杭州西溪国家湿地公园

在竹建筑中还有一种用竹子做的篱笆，叫“竹篱笆”，又叫竹栅栏、竹护栏，是用来保护院子的一种设施。篱笆一般是由木棍、竹子、灌木或者石头建成，在我国农村很常见。竹篱笆这种设施在我国历史久远，“竹篱茅舍出青黄”之句便出自宋代苏轼的《浣溪沙 · 咏橘》，说的是竹篱茅舍掩映在青黄相间的橘林之间（图 8–18 至图 8–24）。

图 8–19　整齐规范的竹篱笆

图 8–20　竹篱通道　杭州西溪国家湿地公园

图 8-21 竹篱小桥 江西万安夏木塘

图 8–22 竹篱墙及小门 杭州西溪国家湿地公园

图 8–23 竹竿装饰的竹篱墙 浙江安吉

图 8–24 长竹篱笆 浙江嵊州仙岩塘丘

图 8–25　竹篱门　杭州西溪国家湿地公园

竹篱笆在园林景观中起到屏障、掩景的作用，可以分隔园林空间，隔出景区，制造景点，还有装饰作用。竹篱笆的装饰一般用格子，有扇形格子架、伞形格子架、梯形格子架、门状格子架等。倘若在竹篱笆上攀附蔷薇紫藤之类的藤本花木，则更为风雅。花开之时，整个篱笆上开满了鲜花，给园景带来无限生机。

图 8–26　桃花源里　江西园林

图 8–27　竹篱门　浙江安吉

建竹篱笆同时，还配套建成竹篱门，上建门檐，既有端庄典雅的，也有简洁野趣的，各有一番风味（图 8–25 至图 8–27）。

竹建筑运用在城市动物园内特别适合。在上海动物园内，丹顶鹤正在竹亭前的竹篱笆内悠闲地活动，整个风景既协调又得体（图 8–28）。

图 8–28　竹篱笆与竹亭　上海动物园

图 8–29　元宝桥　浙江安吉萤火虫山谷

在传统园林中，经常可以看到圆筒形竹制通道，为景点增添情趣（图 8–29、图 8–30），还可以看到花窗中的竹花格，栏杆中的竹花格，桂落中的竹花格，这些用竹子制成的花格图案，具有生动雅致、变化灵动等特点（图 8–31 至图 8–33）。圆洞门指在景墙上开设的圆门，简称景门。洞门除能满足实用上的要求外，还具有组合与渗透建筑和园林空间、指示景点的功能。竹制洞门与环境相配合，构成框景、对景，可进一步增强园林欣赏效果。

图 8–30　圆筒形竹制通道　青岛世博园

图 8–31　挂落中的竹花格　浙江安吉

图 8–32　栏杆中的竹花格　浙江安吉

图 8–33　栏杆中的竹花格　浙江安吉

值得一提的是竹材的环保属性在世界上是公认的，它不存在任何污染问题，而且竹子柔里有刚，刚里带柔，它的抗拉强度、抗压强度、弯曲强度、弹性系数一般情况下都超过木材。再加上竹建筑材质轻，整体结构连接牢固，对自然灾害，特别是地震，有很强的防御能力。一旦发生地震，竹子的弹性能够在地震中得以更好地发挥保护功能。如果在地震中超过弯曲强度，第一次开裂时并不会像木材一样彻底折断。因此，竹建筑物对人体及物体不会有致命的伤害。

正因为竹建筑抗震性能好，所以特别适宜做临时地震避难所。而且，竹房屋材质轻，加工快，只需很短的时间即可安装完成，这种效率对自然灾害救助、快速减少伤亡或恢复灾区人民生活非常重要。你看，用竹竿简单地搭成一个屋，或用竹片弯成一个拱，立起来后，在上面盖上雨篷，就是一个临时避难所，是救助的理想建筑（图 8–34、图 8–35）。

图 8–34　抗震竹帐篷　浙江安吉

图 8–35　抗震竹屋　浙江安吉

第九章
傣家竹楼

在云南西双版纳，人们到处可以看到风格独特的“傣家竹楼”，它们在高大的椰子树和苍茂的凤尾竹映衬下，一幢挨着一幢，组成西双版纳独特的景观。傣家竹楼是以竹子为主要材料建造的，竹柱、竹梁、竹檩、竹椽、竹门、竹墙，用的都是竹材，并留有高脚底座，分上下两层，故称竹楼。竹楼是傣族人民因地制宜创造的一种特殊形式的民居，在取得良好的通风遮阳效果的同时，具有建材经济、冬暖夏凉、防潮防水防震的优点。

傣家自古居住在气候炎热、水流纵横的潮湿地带，村落多在平坝近水之处。傣家竹楼的造型属于干栏式建筑，多采用歇山屋顶，脊短坡陡，四周出檐深远，构成重檐，使整栋房屋的室内空间都笼罩在浓密的阴影中，以防止烈日照射。竹楼灵活多变的建筑造型、轮廓丰富的歇山屋顶、遮蔽烈日的长长重檐、通透的架空层和前廊，形成虚实、明暗、轻重对比，从而使建筑风格轻盈、通透。竹楼的房顶呈“人”字形，易于排水。整个竹楼建筑呈四方形，所有柱、梁和房架结构均用粗壮的竹子制成，成为上下两层的高脚楼房。高脚是为了远离地面的潮气，竹楼底层高 2 米多，一般不住人，四面空旷无遮拦，是堆放杂物或饲养家畜的地方。牛马拴束于底层的柱上，每当早晨牛马出栏时，人们便将粪便清除，使住于竹楼上层的人，不致被秽气熏蒸（图 9—1、图 9—2）。

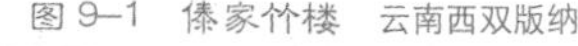

图 9—1　傣家竹楼　云南西双版纳

图 9—2　傣族民居　围墙用竹片编织　云南瑞丽

图 9–3　傣族民居竹楼　云南西双版纳

竹楼的上层是人们居住的地方，这里是整个竹楼的中心。室内布局简单，一般分为堂屋和卧室两部分。堂屋设在梯子进门的地方，比较开阔，正中央铺着大的竹席，是招待来客、商谈事宜的地方。在堂屋的外部设有阳台和走廊，走廊上放着傣家人喜爱的打水工具：竹筒、水罐等，这里也是傣家妇女做针线活的地方。堂屋内一般设有火塘，火塘上架一个三角支架，用来放置锅、壶等炊具，是烧饭做菜的地方。从堂屋向里走便是用竹围子隔出来的卧室，卧室地上铺有竹席，是一家大小休息的地方，外人不得入内。竹楼宽敞，空间很大，遮挡物很少，通风条件较好，非常适宜当地潮湿多雨的气候条件。竹楼里的家具非常简单，凡是桌、椅、床、箱、笼、筐等，全都是用竹子制成。

竹楼最有特色的是楼板和墙，楼板用粗毛竹剖开镶接，人踩在上面，宛如踩着厚厚的地毯，富有弹性。围墙用竹片编织，门与窗也用竹子制作，屋顶盖的是用茅草或葵叶编的草排。傣家竹楼通风很好，冬暖夏凉。墙体用粗竹剖开排列，每当炎热的夏天，凉风从竹壁的缝隙中透入，凉爽异常。

傣家竹楼内的每一个部分都有不同的含义，走进竹楼就好像走进傣家的历史和文化。竹楼的顶梁大柱是竹楼里最神圣的柱子，是保佑竹楼免于灾祸的象征，不能随意倚靠和堆放东西。人们在修新竹楼时常常会弄来树叶垫在柱子下面，据说这样做会使竹楼更加坚固。除了顶梁大柱，竹楼里还有分别代表男性与女性的柱子。竹楼内中间较粗大的柱子是代表男性的，而侧面的矮柱子则代表着女性，屋脊象征凤凰尾羽，屋角象征鹭鸶翅膀……

过去，傣家人的等级、辈分要求是十分严格的，体现在竹楼的建造上十分明显。如凡是长辈居住的楼室的柱子比楼底要高出 6 尺（1 尺 ≈ 33.33 厘米）；晚辈的竹楼应差一些，高度要低于长辈的竹楼，室内的结构也显得简单许多。长辈居住竹楼的木梯应该在 9 级以上，晚辈的木梯则只能在 7 级以下。

傣家竹楼又可分为两种类型。一种是“官家竹楼”，宽敞高大，呈正方形，屋顶呈三角锥状，犹如西方的哥特式建筑。整个竹楼用 20–24 根粗大的木柱支撑，木柱建在石墩上，屋内横梁穿柱，有的横梁上雕刻花纹，花纹受佛教文化的影响，为凹状图案。正屋为客室，中置火塘，侧旁分隔成 2–3 间，是主人夫妇和孩子的卧室。官家竹楼客室约有 30 平方米，能容纳一二十人就座。另一种是“百姓竹楼”，百姓竹楼形式与官家竹楼相仿，但较为狭小。屋顶用茅草覆盖，木柱不准用石墩柱脚，也不准用横梁穿柱，不准雕刻花纹（图 9–3 至图 9–5）。

图 9–4　歇山顶式的傣家竹楼

图 9–5　傣族民居竹楼　云南瑞丽

苏东坡说：“宁可食无肉，不可居无竹。”从这个意义上说，生活在云南西双版纳地区的傣族人算得上是幸福的，因为他们不仅居住在“竹”楼里，还吃着“竹”筒饭、喝着“竹”筒酒，真是比神仙还逍遥。来到西双版纳，最令人心动的就是那成片的竹林以及掩映在竹林中的一座座美丽别致的竹楼。从外形上看，竹楼像开屏的金孔雀，又似翩然起舞的美丽少女，美丽的景致让人如在梦中。登上傣家竹楼，展现在眼前的是：椰树婆娑，槟榔挺拔，秀竹摆着纤细的腰肢，香蕉树摇着巨大的绿叶。村寨内流水潺潺，竹楼倒映水中，分外迷人，令人流连忘返。日本著名影星中野良子，到这里拍摄电视剧《今年在这里》，指着竹林中的竹楼说：“我到过不少国家旅游，从来没有见过这样美丽的地方。”

随着旅游业的发展，在昆明市中心出现了村寨式的竹楼公园“春漫”。“春”在傣语中是指园，又有春城的含义；而“漫”则代表花蕊。在这个傣族风味浓郁的公园内，各式竹楼错落有致，风韵独特，为人们增添了乐趣，激发了游兴。

图 9–6　哈尼文化园　云南西双版纳

云南，是中国少数民族最多的省份，许多少数民族都钟情于竹楼建筑。竹楼在西南各地有不同的称呼，傣族、壮族、土家族称之为“吊脚楼”，拉祜族称之为“掌楼房”，傈僳族称之为“千脚落地房”……可见竹楼在西南地区使用的广泛性。因此，在云南其他许多少数民族聚集地，也能领略到竹楼的独特风采。无论在哪里，只要你走进竹楼，一定会有不同的精彩迎接你（图 9–6 至图 9–10）。

图 9–7　拉祜族民居竹楼　云南澜沧

图 9–8　佤族民居竹楼　云南沧源翁丁古村寨

图 9–9　佤族竹楼　（云南昆明市建筑设计院设计）

图 9–10　景颇族民居竹楼　云南德宏

图 9–11　竹建筑　云南沧源翁丁古村寨

在我国的云南省临沧市沧源佤族自治县，有个非常古老的村落叫作翁丁古村寨，寨子里面生活着一群佤族人。寨子山峦环抱，翠荫四绕，里面还有着一弯清澈的溪流，佤族人所搭建的茅草屋和竹楼散落在寨子里边。这里的空气无比清新，没有任何污染，让远来的客人体会真正的自然（图 9–11、图 9–12）。

图 9–12　佤族民居竹楼　云南沧源翁丁古村寨

图 9–13　云南沧源翁丁古村寨佤族竹建筑上挂的牛头骨

佤族人民所住的竹楼由茅草盖顶、竹子搭建，分成上下两个部分。上边的屋子用来给人住，下边就是用来给牲畜住的，或者放一些杂物。不过因为佤族人的身材一般不太高大，所以房门修建得比较低矮。在翁丁古寨，最常见的和最能让人感受到原始古寨风情的就是四处可见的牛头骨，因为佤族人所崇拜的图腾是水牛，所以在古寨的很多地方都可以见到牛骨头的存在，有许多竹楼前还挂有牛头骨，有的甚至在竹楼上方用茅草装饰成牛头的形象（图 9–13、图 9–14）。

竹楼是云南少数民族特别是傣族文化与外来文化相互作用的产物，竹楼作为独具特色的重要民居，最大程度地适应了云南地区特别是傣族等少数民族的生存和文化的需求，从而得以代代相传。

图 9–14　佤族竹楼上方装饰的牛头　云南西盟佤族自治县

装饰篇

问室哪得雅如许，
翠竹青青是源泉。

翠竹鸟鸣

现代文明给人类带来了方便与享受，但自然的情调越来越少，人们向往空旷的田园、洁净的空气、苍郁的森林。针对这种需求，中国的竹艺建筑大师们以其精湛的技艺，大踏步地从室外的竹建筑跨入室内的建筑装饰领域，运用竹子天然质朴的和谐色泽，让根根秀雅挺拔的竹竿，挑起了室内建筑装饰的大梁，开拓出一个崭新的艺术天地。

竹材与艺化，无穷出清新。艺人们在探索新材料、新工艺、新品种、新风格上，开创出了别具一格的路子。艺人们以娴熟的竹艺装饰制作技术，巧妙地发挥竹材固有的肌理和色泽优势，把现代建筑与田野风光自然巧妙地融为一体，创造出超尘脱俗的感性空间，从而使竹材的使用范围从室外进入室内，为居室增添艺术氛围。

这种自然美是素净的、纯朴的、雅致的，蕴含着深厚的艺术魅力。看，用圆竹排列起来的墙面，工致整齐；用竹枝竹节拼镶起来的图案，空灵秀美；用竹丝篾片编织起来的贴面，精致典雅；用经过工艺处理的竹片拼接地板，坚挺硬朗，再加上竹制的屏风、家具、灯具和竹雕、竹编艺术品，使室内建筑构成了竹的艺术世界。当人们从繁华的闹市走进这用竹子装饰起来的厅堂时，一股超尘脱俗、静谧恬淡的清新气息便会扑面而来，使人进入“尽消尘俗思全清”的境界。

宜宾菜坝机场贵宾厅

第十章
洋溢着质朴乡愁的竹装饰

在北京、上海、广州、南京、杭州等地的高级宾馆、餐厅内，许多竹子装饰的成功范例赢得了国内外人士的喝彩。

2014年，青岛世园会江西展馆中的一座竹建筑“桃花源里”赢得世人关注。“桃花源里”里面的三间竹屋内部均用竹子装饰，面积虽然不大，但小中见大，自然得体，整个轩厅散发着质朴而浓郁的田园气息。竹材的质地与色彩，都按自然美的规律给予发挥：四周的墙面均用竹竿整齐地排列，竹竿一劈为二，呈半圆弧状，竹青层朝外，十分规整，下端是直排，上端是横排，排列的竹竿挺拔端直。粗壮的屋柱，也用竹竿支撑。三间房中有一扇格子门，上端的格心是用等长的竹筒横断面的圆圈排列，既通透空灵，又显示竹质美感，别具韵味。为使色泽统一，所有排列的竹竿均在原有色泽的基础上，稍加处理后，统一成雅致的米黄色。门框和窗框则用长短不一的竹筒竹节，处理成米黄色，拼镶成十分简洁的“人”字纹图案，得体而规范，给人一种轻松通透的舒适感。

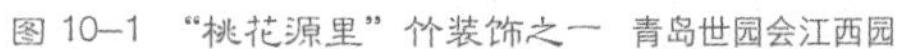
图 10—1 “桃花源里”竹装饰之一 青岛世园会江西园

令人称道的是在米黄色竹竿排列的墙面上，出现了几组装饰画面：一组以鱼篓、笠帽和蓑衣组合成的浮雕式画面，两旁施以竹节横断面组成的鱼鳞图案，令人耳目一新，不仅起到活跃与点缀环境的作用，还把人们的思绪引向开阔的田园风光；一组在柔和光线下的圆月中，映照出一条弯弯的竹节鞭根，显示出竹建筑的源流；还有一组则在米黄色竹竿的排列中，书写出“上善若水”的书法作品，上善若水，出自老子的《道德经》，指人的最高品质应该和水一样，帮助万物而不与万物相争，这使我们想到竹子默默地把一切奉献给人类的高贵品质。

“桃花源里”的装饰格局，既有奔放的情调，又有内向的严谨，造型含蓄丰满，富有节奏韵律，显示出竹子清新质朴的自然雅气。置身在这样一个具有民间情趣的环境中，犹如在欣赏中国民间乐曲《二泉映月》的旋律（图 10–1 至图 10–5）。

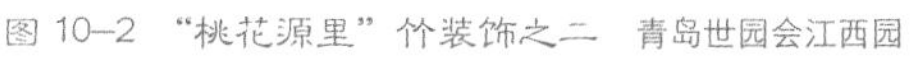
图 10–2 “桃花源里”竹装饰之二 青岛世园会江西园

图 10–3 “桃花源里”竹装饰之三 青岛世园会江西园

图 10–4 “桃花源里”竹装饰之四 青岛世园会江西园

图 10–5 “桃花源里”竹装饰之五 青岛世园会江西园

图 10–6 万竹园餐厅正面

图 10–7 万竹园餐厅侧面

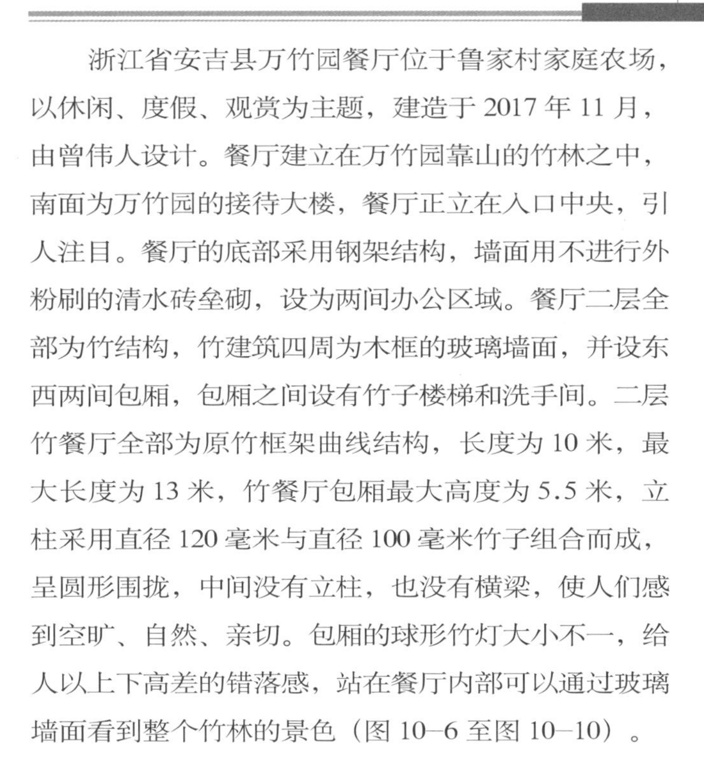

浙江省安吉县万竹园餐厅位于鲁家村家庭农场，以休闲、度假、观赏为主题，建造于 2017 年 11 月，由曾伟人设计。餐厅建立在万竹园靠山的竹林之中，南面为万竹园的接待大楼，餐厅正立在入口中央，引人注目。餐厅的底部采用钢架结构，墙面用不进行外粉刷的清水砖垒砌，设为两间办公区域。餐厅二层全部为竹结构，竹建筑四周为木框的玻璃墙面，并设东西两间包厢，包厢之间设有竹子楼梯和洗手间。二层竹餐厅全部为原竹框架曲线结构，长度为 10 米，最大长度为 13 米，竹餐厅包厢最大高度为 5.5 米，立柱采用直径 120 毫米与直径 100 毫米竹子组合而成，呈圆形围拢，中间没有立柱，也没有横梁，使人们感到空旷、自然、亲切。包厢的球形竹灯大小不一，给人以上下高差的错落感，站在餐厅内部可以通过玻璃墙面看到整个竹林的景色（图 10–6 至图 10–10）。

图 10–8 万竹园餐厅内景

图 10–10　万竹园餐厅檐下装饰

图 10–9　万竹园餐厅立柱

图 10—11　竹里的六角眼装饰屋柱

图 10—12　竹里的十字纹装饰屋柱

四川省崇州市道明镇，地处崇州市西部偏北，以竹闻名，该镇以竹造园，以竹造景，因景而活。近年来，最让人们关注的是坐落于道明镇的竹里景点。竹里的“竹”是指环境，即以竹为背景的自然景点；“里”是指文化，即内心的归宁，是一种远离都市生活的安静与祥和，也是返璞归真的乡村本貌。

2017 年年底，竹里“火”起来了。这里的竹与建筑相映成趣，充满艺术气息。竹里建筑的外墙除了运用木柱稳定基础，还让竹编化为设计中的因素。外檐下的屋柱外围，是一个个半圆柱形的竹编装饰，六角眼、十字纹的竹编纹样，既典雅又新鲜。竹里的建设初衷就是为道明竹编提供一个传播和交流的平台，充分发挥“文创”的作用，这半圆柱形的竹编装饰，正彰显了道明人对竹编艺术回归的愿望（图 10—11 至图 10—13)。

图 10—13　竹里建筑与周围的竹林、树木融为一体

图 10–14　熊猫餐厅竹装饰楼梯

图 10–15　竹艺展厅内部　竹艺博物馆

图 10–16　竹艺展厅外观　竹艺博物馆

道明镇有个竹艺村，深居在崇州市道明镇的竹林间。这个非同寻常的竹艺村，精致小巧，清新淡雅，让人与自然和谐共处。竹艺村有独具匠心的标志性建筑，建筑的名字也非常艺术：有贩卖竹艺制品和尝试手工竹编的 “知竹”小店；有最佳网拍桌椅的“青旅无间”旅馆；有徽式建筑特色的“见外美术馆”休闲场所；有儒雅宁静的“三径书院”小茶馆；有造型独特的“熊猫餐厅”美食店。这些艺术的名字，加上独特的竹艺装饰，给道明竹艺村增添了几分神秘的艺术气息。如“熊猫餐厅”楼梯的竹装饰，每个台阶都充满竹的情趣，特别是楼梯的扶栏，是用一根根细细的竹条拼接起来的，沿着台阶的方向延伸，呈“S”形弯曲向上，很有韵律感。而在扶栏的空档处，则飘扬着一组组大大小小的竹编镂空圆球，宛如一组组气球，往上腾空飞去(图 10–14)。

更有特色的还有竹艺村的“竹艺博物馆”。这是一个独具匠心的标志性博物馆，陈列着道明的竹编艺术品。展厅由川西的民居改建，外观与内部装饰都突出了竹的意趣。设计者们运用竹子的编织将建筑的抬梁与顶梁柱包裹起来，给人以浓浓的竹艺氛围，并与整洁的淡灰展台和谐地结合在一起，给人一个独特而典雅的艺术环境(图 10–15、图 10–16)。

“竹艺博物馆”是道明竹编的一个艺术集聚所，不仅是艺术的体现，更是一种文化的传承，让人们在清雅中品味质朴的土味。

第十一章
蕴含着书卷气的竹装饰

假如说青岛世园会的江西展馆“桃花源里”和浙江安吉万竹园餐厅装饰突出的是田园风光中的质朴土味，那么四川省江安县的“江安竹艺工坊”、浙江绍兴柯岩风景区的“蔡中郎祠”的竹装饰追求的则是书卷气。

四川“江安竹艺工坊”（图 11–1）是中国竹工艺大师、江安竹黄非物质文化遗产国家级代表性传承人何华一的竹艺工坊。江安县地处川南，长江穿境而过，具有悠久的大河文明。这里气候温暖湿润，适宜竹子生长，是著名的竹乡。很久以来，江安人就用竹材建造房屋，制作生活用具。以竹子为原料的手工艺，一向是江安城的主要产业。

图 11–1　竹装饰门面　四川江安竹艺工坊

图 11–2 竹装饰内景 四川江安竹艺工坊

江安竹艺工坊突出的是竹子的装饰，工坊的门面更是非同凡响。门面两边的柱子都用数根竹子相抱成方形框架，两层之间的连接处，也用竹子拼镶成图案，既牢固又空灵。

进入室内，是一个竹子的装饰世界。根据需要，所有竹子都经过处理，有的是漂脱，有的是炭化，本色竹子则经过防蛀防霉处理。

竹艺工坊内的周围墙壁，均用一根根粗壮的毛竹有序地相间排列，整齐划一，并完全采用经过漂脱处理过的乳黄色，使竹子挺拔、秀美、质朴、典雅的特征得到进一步发挥，再现了"修篁似美人"的诗意。天花顶棚，是超长的竹子排列而成，中间镶接处都用同色的麻绳结扎，富有节奏感。连上下楼梯的扶栏、洗手台的后壁，也都用统一的漂脱竹子制作。为打破视觉的单调，设计者采用了月洞门、挂落、壁灯、屏风以及细竹管排列的图案等装饰方法来充实，使两者有机地融合在一起，既丰富又调和，蕴含着书卷气（图 11–2 至图 11–12）。

图 11–3 整齐的竹竿排列 四川江安竹艺工坊贵宾厅

图 11-4 圆洞门 四川江安竹艺工坊贵宾厅

图 11-5 洗手台 四川江安竹艺工坊

图 11–6 楼梯扶栏 四川江安竹艺工坊

图 11–7 通道之门 四川江安竹艺工坊

图 11–8 扇形屏 四川江安竹艺工坊

图 11–9　展示大厅　四川江安竹艺工坊

图 11–10　展厅侧门　四川江安竹艺工坊

图 11–11 展示大厅一角 四川江安竹艺工坊

图 11–12 贵宾厅 四川江安竹艺工坊

图 11–13　全竹雕壁画“高风亮节”

在竹艺工坊内有两处竹屏，值得特别关注。

一处是全竹雕的壁画，刻画的是“高风亮节”竹子的形象：几竿清秀的挺拔竹枝，生意盎然，几个竹笋正蓬勃向上。数只鸟儿正在展翅飞翔，它们与竹枝结合在一起，顾盼有情，姿态可爱（图 11–13）。

另一处是竹壳条屏贴画“苍翠竹子”，计四幅，是何华一大师与夫人林胜彬合作创制的。竹壳贴画是一种新工艺，所有竹壳都经过防蛀防霉处理，根据画面要求，竹壳加工时，剪与雕并用。竹壳贴画的特点是既有国画的风格，又有工艺的装饰，作品高雅明快，具有较高的欣赏价值（图 11–14）。

竹制的陈列架也独具韵味，架上陈列的艺术品不是价格昂贵的稀世古董，也并非珍贵的玉雕瓷器，而是用竹筒、竹节、竹片创制的竹子雕刻艺术品。这些别具风韵的竹艺佳品，更给这座江安竹艺工坊增添了雅韵与魅力。因此，四川江安竹艺工坊被消费者誉为开放在长江边上的一朵白兰花。

图 11–14　竹壳条屏贴画“苍翠竹子”　四川江安竹艺工坊贵宾厅

地处浙江绍兴柯岩风景区的蔡中郎祠，是室内竹装饰面积较大的经典建筑。蔡中郎即东汉的著名学者蔡邕，系一代才女蔡文姬之父，官至左中郎将，故此祠称为“蔡中郎祠”。蔡邕曾到绍兴柯岩，在驿馆住宿。这个驿馆较为简朴，所用椽子均用竹制，蔡邕看中馆中第16根椽竹，取下后制作成笛，音色嘹亮优雅。后来，人们根据这个典故建造了“东汉笛亭”，后又在笛亭后面建造了蔡中郎祠。景区以竹笛典故为缘由，选用竹子来装饰蔡中郎祠。

用竹子装饰的蔡中郎祠，从门框到挂落，从墙裙到窗格，从对联到画幅，以至于橱柜、供桌等，均以竹子为材料，这些空灵而秀美的用小圆竹段拼接的图案和四周整齐排列的毛竹，有机地组合在一起，形成了粗与细、大与小、体与面的对比，结合得巧妙得体，为整座竹祠起到点缀美化的作用。它们比起木雕和金属的装饰，更为经济，更为和谐，也更具风韵。

最有亮点的是祠堂正面的装饰，中间是竹编的蔡中郎半身像，像的两旁是颂扬蔡中郎功绩的竹刻绘画屏框。两边是两扇硕大的圆洞门，门两侧是颂扬蔡中郎的竹刻对联，上联是“才有高庸功隆道大”，下联是“人无贵贱道在则尊”。圆洞门框用竹竿弯成，并用竹篾编就后饰以回纹图案。门框外至立柱与梁之间的大面积空档，则用斜方格的图形固定，方格内用风车图案顶住，空灵而牢固，典雅而规范（图 11–15 至图 11–17）。

图 11–15　蔡中郎祠　入口处的装饰

图 11–16　禁中郎祠的圆洞门

图 11–17　禁中郎祠的圆洞门特写

第十二章

室内竹装饰的重要组成——屏风

图 12–2　竹林飞鸟局部

竹子，生于大自然为景，用作建筑装饰亦为景。或横，或竖，或交叉，或弯曲，或悬空，把自然镶进建筑里，把雅致融入气质里，既洋气，又带点土味，既时尚，又接地气。而室内装饰的点睛之笔当数屏风。竹厅中的屏风，起到装饰环境、美化居室的作用，运用较为普遍。

屏风一般可分挂屏、立屏、折叠屏三大类。

挂屏，顾名思义是悬挂在墙上的屏风，可分平面挂屏和立体挂屏两种。由徐华铛设计的浮雕式挂屏“竹林飞鸟”，刻画的是晨曦中的竹林群鸟。在人字纹的竹编底纹上，错落有致地镶贴着 11 根壮实的半片毛竹，竹枝、竹叶有机地飘逸其间。飞鸟用竹丝编织，翅膀、尾毛用篾片扦插，鲜活有神，它们正向着前方的朝阳飞去，给人以生机勃发的感觉。边框为细竹竿拼成的双菱形图案，四角为风车旋图案，俊雅而空灵（图 12–1、图 12–2）。

图 12–1　竹林飞鸟　徐华铛设计

图 12–3 翠竹鸟鸣 何红兵 何福礼

由何红兵、何福礼设计的立体屏风"翠竹鸟鸣"，与挂屏"竹林飞鸟"有异曲同工之妙。作品中的10余竿秀竹，均采用大自然中的竹竿、竹枝制作，竹叶用竹片雕刻，显得挺拔苍翠。几只翠鸟则用竹片雕琢，灵动而矫健，它们正迎着远方的朝霞飞去，给人以绵绵的遐思（图12–3 至图 12–5）。

图 12–4 翠竹鸟鸣局部

图 12–5 翠竹鸟鸣中的飞鸟

“瑞鹤图”为横幅的浮雕式挂屏，创制者运用精编细织的手法，再现了旷世名画《瑞鹤图》的风采。这幅名画的作者是宋代的皇帝徽宗赵佶。竹子艺术家何红兵创制的竹艺挂屏“瑞鹤图”是遵循赵佶的原画创制的，创制者以竹子为原材料，再现了名画《瑞鹤图》的韵致：画面的绢素底层是用精细的竹丝作挑压编织而成；宣德殿的殿顶正脊、瓦垅、鸱吻是用竹编与竹雕交接而成；悠悠的白云是用竹丝绒毛有机地排列堆放而成；最令人称道的是 20 只白鹤的创制，作者先在鹤体的胎模上用漂白竹丝编织成形，然后用漂白过的长短篾片剪成白鹤的翅膀与尾部的羽毛，在鹤体上照其动态与规律进行有机的扦插，艺人们凭着高超的编织技艺和对鹤体的理解，把 20 只白鹤编“活”了，一只只形神酷肖，呼之欲出。其中两只立于殿脊之上，并呈对称回首相望状。右侧一鹤稳立，扭头作引颈高歌状，与众鹤呼应；左侧一鹤则立足未稳，姿态生动，颇具动感。众鹤呼应呈环形，围绕着屋顶上空盘旋翱翔，就像一组音符，在湛蓝的天空穿插回旋，仙音袅袅，浑然是一幅玉宇千层、鹤舞九霄的壮丽图画（图 12–6 至图 12–10）。

图 12–6 瑞鹤图

图 12-7 瑞鹤图局部之一

图 12-8 瑞鹤图局部之二

图 12-9 瑞鹤图局部之三

图 12-10 瑞鹤图局部之四

图 12—11 大型竹框竹编立屏 百马图

竹子座屏，是大型的落地屏风，故又称“落地屏”“立屏”，由插屏和底座两部分组成。插屏可装可卸，用竹竿排列简洁的图案作边框，中间加屏芯。屏芯多用竹编或竹子雕刻，是座屏内容表现的中心。底座除起稳定作用外，还可起装饰作用，一般常用粗壮的毛竹制作，与插屏相呼应（图 12—11）。

北京故宫“倦勤斋”，有着当时世界上最精美的室内装饰工艺。倦勤斋，是乾隆打算退位后颐养天年的地方，由他本人亲自设计，取名“倦勤”，就是倦于勤务的意思。倦勤斋被誉为故宫内建筑级别最高、最为豪华的场所之一，但年久失修，损坏很多，需要修缮。这座庄重的竹制立屏是倦勤斋内的座屏，由中国工艺美术大师何福礼修复，其工艺集绘画和竹雕、翻黄、竹编等竹艺于一体，是宫廷建筑内的屏风所罕见的（图 12—12 至图 12—14）。

图 12—12 北京故宫倦勤斋内的屏风

图 12—13 北京故宫倦勤斋内的屏风上部

图 12—14 北京故宫倦勤斋内的屏风底部

竹编折叠屏由数扇开合自如的屏风单元组合而成，有 4 扇的、6 扇的，也有 10 扇或 12 扇的，一般以 6 扇为多，扇与扇之间用合页相连。浙江省东阳竹编工艺厂创制的“孔雀五折屏风”，将竹编、竹贴和圆竹斗拼三者巧妙地结合在一起，令人耳目一新。屏风的框架由竹竿拼接而成，框架四周由小圆竹斗拼成各种几何图案，空灵而雅致。五扇屏风内是五幅竹编、竹贴互为结合的实景孔雀画面，中间是主屏风，两旁是次屏风，成为屏风的主要观赏面，和外框的空灵虚实相映，清新而秀美（图 12–15）。

图 12–15 孔雀五折屏风

上海市古猗园位于该市西北郊嘉定区南翔镇，始建于明嘉靖年间，为上海五大古典园林之一。古猗园历史悠久，传说动人，“多折屏风古猗园传说”讲述的便是园内的逸闻趣事（图 12–16）。

中国竹工艺大师何华一设计的“郑板桥诗画折屏”，是以郑板桥咏竹的诗与绘的竹为主题而创制的，清新而高雅。郑板桥为清代书画家、文学家，一生只画兰、竹、石，他曾解释说“四时不谢之兰，百节长青之竹，万古不败之石，千秋不变之人”。其诗、书、画，世称“三绝”，是清代比较有代表性的文人画家。屏风两边的对联是唐代著名诗人白居易吟咏竹子的诗：“水能性淡为吾友，竹解心虚是（即）我师”，彰显出竹子的气质，使“郑板桥诗画折屏”更加清新而高雅（图 12–17）。

图 12–16　多折屏风　上海古猗园传说

图 12–17 郑板桥诗画折屏 何华一设计

鉴赏篇

品味清新的竹质韵味，
欣赏镶接的设计巧艺。

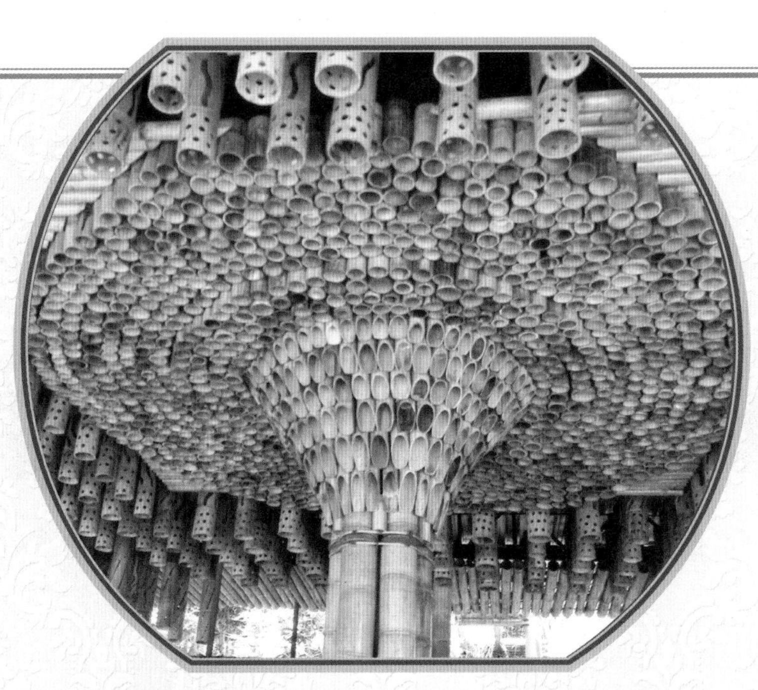

竹管的排列组合

竹子的建筑与装饰，是中华民族一门古老而精雅的艺术。从原始社会开始，竹子便与人们的生活结缘，她一路走来，越走越多姿，越走越风雅，终于成为中国建筑艺苑的一朵奇葩。

竹子艺匠们运用不同规格的竹竿、竹节、竹段，可以灵巧地创制不同风格的竹建筑，进行竹子装饰，让竹子特有的精神气质，弥漫于建筑与装饰之中，散发出或典雅精巧、或古朴高雅的竹文化，勾勒出独有的风雅与诗意，在滚滚红尘中衬托出别具一格的世外桃源，令人陶醉。

为让广大读者品味竹建筑与竹装饰清新的竹质韵味，欣赏各种天然竹材镶接的设计巧艺，本篇特设“竹建筑佳作赏析”“中国竹艺博物馆竹装饰赏析”两章，供大家欣赏。

竹艺博物馆门厅上部的装饰效果

第十三章
竹建筑佳作赏析

竹子是植物界里的钢材，作为建筑中的建造原料，竹子除了可以营造意境氛围、低成本、绿色低碳等优点，在设计上，也有着千变万化的样式。在这一章，我们讲述的便是中国竹建筑中的经典。

竹建筑，往往建在临水的竹林中，依着水波，风光动人。在南方园林中，便能看到用竹子建造的楼房，其造价低廉，雅洁美观，深受游客喜爱。

在浙江省龙泉市宝溪乡溪头村，有一个“国际竹建筑文创村落”。这里占地2万平方米，共有15个建筑，由来自美国、中国、哥伦比亚、德国、意大利、日本、韩国和越南8个国家的11位建筑大师完成，其中包括隈研吾、武重义等享誉世界的竹建筑名家。

图 13–1　国际竹建筑文创村落

国际竹建筑文创村落的竹建筑设计具有灵活性、多样性。建筑设计师们运用古建筑的传统技艺，结合现代建筑设计理念，通过充满创意和灵性的艺术布局和空间营造，拓展了竹材料的应用领域，让人们可以零距离地感受这些世界上的竹建筑的魅力。国际竹建筑文创村落的竹建筑不仅施工建造便捷，而且便于更换损坏部件，大大延长了竹建筑的使用寿命。这里有当代青瓷艺术馆、当代公共艺术美术馆、超大尺度的创新会议中心、户外公共环形小剧场、手作匠人与儿童一同探索的创意空间以及餐厅等。原生态竹子构建的墙体、天然的竹编灯具与用灰褐色调原木制作的现代中式家具相得益彰，营造出一个自然清新、静谧灵动的舒适空间（图 13–1 至图 13–4）。

图 13–2 国际竹建筑文创村落

图 13-3 国际竹建筑文创村落

江苏省镇江市“水上竹楼”于2004年10月建造完成，由著名竹建筑专家曾伟人设计。竹楼由15个房间连成一排，设计时采用竹木结合，内部立柱墙面由木料结构组合，屋顶及横梁材料全部是竹子结构。竹楼总长56米、宽6.5米。2006年，水上竹楼设计在中国文化部（现为文化和旅游部）、建设部（现为住建部）举办的中国第二届“中国国际建筑艺术双年展”中荣获“设计风格奖”和“最具个人风格奖”（图13–5至图13–7）。

图13–4 国际竹建筑文创村落

图 13–5　江苏省镇江市水上竹楼

图 13–6　江苏省镇江市水上竹楼

图 13–7　江苏省镇江市水上竹楼

图 13–8　高坡上的忘忧亭　蜀南竹海忘忧谷

“蜀南竹海”位于四川省宜宾市， 其中的“忘忧谷”是竹海的主要景点。忘忧谷在一条狭长的幽深山谷里，这里毛竹长得既密集又粗壮，翡翠般的竹林遮天蔽日，游人走在蜿蜒盘曲的小径上，观山花翠竹，听瀑声鸟语，心灵得以净化，即使有满腹忧愁，也会变忧为乐。忘忧谷谷门用毛竹建成，刻有门联：“万竿翠竹扫去滚滚红尘，一溪清流奏出淳淳韵音”。

进入谷门，是竹海深处的文化街，街的右面是葱郁的绵竹、慈竹和楠竹掩映着的一条清澈的溪流。左面是依山而建的一排竹廊。竹乡人在竹廊里摆的是琳琅满目的竹筷、竹车、竹椅等竹制工艺品。放眼望去，竹亭、竹楼、竹寨、竹桥、竹廊和周围的竹林组成了一幅绝妙的风景画。其中的忘忧亭是一座六角攒尖顶亭，建在高坡上，格外引人注目（图 13–8 至图 13–12）。

图 13–9　翡翠般的竹林遮天蔽日　蜀南竹海忘忧谷

图 13–10 游客服务处的竹建筑 蜀南竹海忘忧谷

图 13–11 竹海深处文化街 蜀南竹海忘忧谷

图 13–12 竹林通幽 蜀南竹海忘忧谷

阮公墩是位于杭州西湖中一座绿色小岛，是西湖著名的三岛之一。据记载，清朝嘉庆五年（1800 年），浙江巡抚阮元是位勤政务学的清官，他主持疏浚西湖，将从湖中挖出的淤泥堆筑成了一个小岛，使西湖格外秀丽。为纪念阮元对浙江文化发展及治理西湖的功绩，后人将该岛命名为“阮公墩”，又称“阮滩”，并在阮公墩上建起“阮元陈列馆”以及纪念阮元的其他建筑。阮元陈列馆是座竹建筑，立柱、门窗、挂落、雀替、屋檐以及长廊中的美人靠座椅，全部用竹子制作，显得格外清新雅洁。而纪念阮元的其他建筑如“雅事长留”“环碧小筑”“茶烟一榻清”等，也都是用竹子装饰。这组竹建筑广受游客们称颂，成为阮公墩上的经典。但由于时间已久，在风雨的沧桑中，竹子显得陈旧老化，现正在重新修整中（图 13–13 至图 13–18）。

图 13–13　阮元陈列室正面　杭州西湖阮公墩

图 13–14　阮元陈列室侧面　杭州西湖阮公墩

图 13–15 雅事长留 杭州西湖阮公墩

图 13–16 阮墩环碧中的风貌 杭州西湖阮公墩

图 13–17 环碧小筑 杭州西湖阮公墩

图 13–18 茶烟一榻清 杭州西湖阮公墩

图 13–19　海口市全竹结构建筑文化礼堂内部

图 13–20　海口市全竹结构建筑文化礼堂侧面的立柱

海南省海口市全竹结构建筑“文化礼堂”，设计师借鉴国内外竹结构建筑的先进创新理念，增添了具有特色的竹子文化和现代艺术，打造了这座完全用天然竹子建造的原生态建筑礼堂。

竹建筑礼堂除了混凝土和原竹，没用任何钢架。竹建筑的结构采用弧形曲线制作，造型别致，呈现了竹子自然美的姿态。设计者以扎实的基础稳定了整个建筑，礼堂的立柱用多根竹子并排相依，用金属件的螺栓连接，再用螺帽拧紧固定。立柱往上散开，支撑起礼堂的屋顶。立柱之间设计原竹条凳，既起到装饰作用，也起到加固作用。建筑的框架主要采用传统的穿斗、捆绑、搭接等竹材连接方式，其空间和造型与自然融为一体，屋顶镶铺着茅草。两层锥形顶尖中间设计了天窗，可采光通风，使整个礼堂通透明亮。考虑到海南的气候潮湿和台风的影响，竹子材料经过特殊处理，可防虫防霉。屋面采用防水措施，以增加使用寿命。文化礼堂完成于 2019 年 9 月，由曾伟人设计，总长 23 米、总宽 18 米、总高 10 米，占地面积 420 平方米，一次能容纳 400 人，可为会议、接待、论坛、舞会、婚庆、绘画写生等活动提供场所（图 13—19 至图 13—22）。

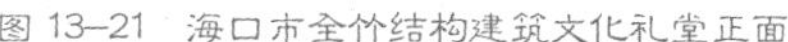
图 13-21　海口市全竹结构建筑文化礼堂正面

图 13-22　海口市全竹结构建筑文化礼堂侧面

图 13–23　茗缘阁外竹围栏　北京紫竹院公园

图 13–24　茗缘阁（竹骨架建筑）　北京紫竹院公园

北京紫竹院公园位于北京西直门外，是一座幽篁百出、翠竿累万、以竹造景、以竹取胜的自然式山水园。这里是竹子的王国，各式各样的竹建筑以其独特的风格尽显中华民族文化的风采。公园里有竹楼、竹亭、竹桌、竹椅，连大大小小的桥都用竹子装扮起来。壮观的侗寨风雨竹桥，可使游人亲身体会贵州侗族人在桥上躲风避雨的习俗；上船桥则是一艘大竹船，竹篷竹窗，船舷边挂着大红灯笼，豪华气派。公园里竹水车伴着哗哗的水声慢慢转着，不停撑动的竹篙使竹筏在湖面上划出一道道水痕，坐竹轿子、抖空竹、吹竹筒，人们玩得非常开心。一大群人和着苗族芦笙的节奏兴高采烈地跳起竹竿舞，草坪里用竹子搭起的舞台，上演的云南白族、傣族的歌舞吸引了大批的游人，湖岸边用竹子搭建的竹市一条街上人头攒动，人们在这里饮茶，品尝竹膳，购买各种竹制日用品、工艺品，其景象，仿佛南国的《清明上河图》（图 13–23 至图 13–28）。

图 13–25　友贤山馆　北京紫竹院公园

图 13–26 澄碧山房 北京紫竹院公园

图 13–27 北京竹文化节 北京紫竹院公园

图 13–28 北京竹文化节 北京紫竹院公园

普洱亚洲竹藤博览园位于云南省普洱市思茅区，是收集、保存国内外各种类竹子的地方，目前已收集到竹种50余属、600余个品种，颇具规模。园内有一个竹建筑，用巨龙竹创制，设计者以竹子横断面的圆管形集结起来形成伞的形状，别出心裁，气势壮观，令人叹为观止（图13—29、图13—30）。

图13—29 云南普洱竹博览园巨龙竹建筑

图13—30 云南普洱竹博览园竹建筑

安吉竹子博览园位于中国“毛竹之乡”安吉，是一家集竹海观光、竹文化主题体验及科普教育为一体的竹类大观园。在这里不仅可以看到许多珍奇的竹类植物，比如高大的歪脚龙竹、奇特的攀缘竹类爬竹、无耳镰序竹以及来自台湾的花秆大佛肚竹、南美的瓜多竹等，还可从看到各种竹子的建筑，如“潇湘馆”，它将紫竹与中国古典建筑相融合，于2005年11月建成，其建筑色彩自然而淳朴。“水竹居”是一座全竹结构的建筑，在此可观赏湖畔周围的全景，可为游客提供休息、饮茶和水上娱乐项目。“清风廊”是展示历代清廉官吏故事的楹联主题竹刻长廊，全长282米，通廊以竹装饰，清新淡雅，右面墙上共有近30幅竹刻作品，有廉政人物故事版画，有名人名联。

博览园内的“中国竹子博物馆”是中国一流、世界领先的竹子专业博物馆。博物馆竹楼的竹子材料，经过严格的挑选，采用蒸煮漂白的竹子。竹楼于2001年9月建成，至今完好如初。博物馆内有识竹厅、传统加工展厅、现代加工利用厅、全竹家具展厅、话竹厅、赏竹厅、论竹厅等7个展厅和一个序厅。博物馆以丰富的展品、翔实的史料，让游客亲身感受中国丰富的竹资源、悠久的竹历史和光辉灿烂的竹文化（图13-31）。

图13-31 竹楼 中国竹子博物馆

早在宋代徽宗年间赵佶著的《大观茶论》中，就已有安吉白茶的记载。2018 年 11 月，当地政府特聘请曾伟人先生设计了用竹子制作的“白茶香叶片”建筑，显示了安吉不仅是毛竹之乡，也是白茶之乡。竹子材料经过特殊处理，白茶香叶片的面做了防水措施，不影响使用寿命。竹子装饰呈现了优美的多面曲线，最大长度为 15.5 米、最大宽度为 5 米、最高点为 5 米。整片叶子由一根钢筋、三根立柱支撑，扎实的基础稳定了整个建筑。安吉茶农对这片叶饱含爱意地呵护，期盼安吉白茶在未来能够给他们带来新的希望。这片“白茶香叶片”不仅沉淀着安吉茶人对茶文化的孜孜以求，更沉淀着他们对安吉白茶虔诚的信仰（图 13–32 至图 13–35）。

图 13–32　白茶香叶片剖面　浙江安吉

图 13–33　白茶香叶片顶面　浙江安吉

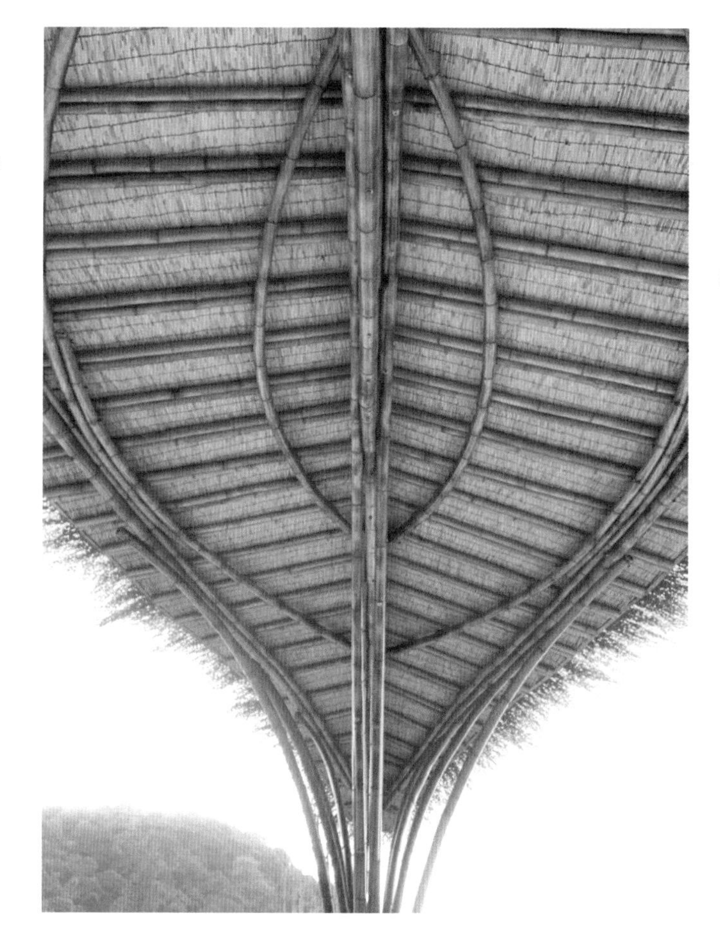

图 13–34　白茶香叶片内层　浙江安吉

图 13–35　白茶香叶片的制作骨架　浙江安吉

图 13–36　停车场竹柱支撑　浙江安吉双一村

安吉双一村是一个千年古村落，位于安吉县东南端，距县城 9 公里，是一个盛产毛竹的山村。全村毛竹面积由 20 世纪 50 年代初的 8000 亩增至现在的 1.1 万亩，占山林总面积的 65%；毛竹蓄积量由 20 世纪 50 年代初的 72 万株增至现在的 253 万株。双一村育竹经验引起多方重视，参观人员络绎不绝，为此特建起竹结构停车场。

“双一村竹结构停车场”由曾伟人设计，安吉江南竹子研究设计中心、杭州诠竹湾设计工作室制作，完成于 2018 年 11 月。

图 13–37　停车场　浙江安吉双一村

安吉双一村竹结构停车场主竹竿采用直径 100 毫米以上的原竹，原竹材料经过多道工序处理，确保竹子防蛀防霉。竹竿与竹竿连接部位全部采用制作团队自己研发的金属专用连接件，金属连接件的固定不会对竹子造成任何损伤。竹竿更换方便，造价成本低，使用寿命在正常的维护下可达 30 年以上，该竹结构停车场适用于小型车辆停放。竹结构采用三角形，整个屋顶全部有防水措施，在受到风和雪荷载的外力情况下，能保证竹结构停车场的结构和停放车辆的安全。

为防止车辆与竹竿的碰撞，竹结构停车场的立柱预埋在混凝土基墩里，混凝土基墩高于地面 600 毫米。整个竹结构停车场的设计充分体现了竹子的造型美感，把竹子的质地美表现得淋漓尽致，与当地竹乡生态环境的发展紧密吻合（图 13–36 至图 13–39）。

图 13–38　停车场侧面　浙江安吉双一村

图 13–39　停车场顶部　浙江安吉双一村

图 13–40　竹院茶室　四川青神

青神县，隶属四川省眉山市，地势平坦开阔，满山遍野都生长着竹子与茶叶。这里的竹编工艺，不仅历史悠久，而且技艺精湛，其独特的竹编艺术画在中国传统工艺中占有不可替代的位置，被誉为“中国竹编艺术之乡”。青神竹院茶室是当地代表性竹建筑，设计灵感来源于茶文化。竹院茶室的屋顶采用茶叶叶片的组合造型，茶室内有一个明亮而舒展的空间，显示出竹子高雅而纯朴的自然气质（图 13–40、图 13–41）。

图 13–41　竹院茶室内部顶层结构　四川青神

民宿，是民宿主人利用当地闲置资源，为游客提供体验当地自然、文化与生产生活方式的一种住宿设施。民宿大多在乡间，大自然中的蛙鸣声、鸟啼声，碧绿的山水，微风的吹拂，飘来的花香，使人置身于青山绿水的大自然中，让人流连忘返。竹子是民宿建筑中不可缺少的元素，它以丰富的建筑表现力、疏密相隔的造景，巧妙地融合在自然之中。竹建筑的每一扇窗对着不同角度的山景，每一道门连着四季变化的田园，诗意地透出东方文化的神奇韵味。如地处浙江省杭州市昌化镇的浙西大峡谷竹楼山庄、江西省万安县的夏木塘村、上海绿地集团农家乐等，竹子不仅提升了民宿建筑的耐用度，而且还把建筑的外墙装饰得很有特色，成了人们的理想打卡地（图 13–42）。

2019 年中国“北京世界园艺博览会”，简称北京世园会，是由中国政府主办、北京市承办的最高级别的世界园艺博览会。园艺博览会重点展示具有绿色生活特点的田园生态环境和具有美丽家园理念的现代人居。博览会上，80 个国家和国际组织在室外参展，建设了 41 个室外展园。全国 31 个省份及港澳台地区、17 家企业展园参加了展览。

图 13–42　民宿　上海绿地集团农家乐

图 13—43　国际竹藤组织展园　北京园艺会

图 13—44　国际竹藤组织展园　北京园艺会

北京世界园艺博览会的中国馆，努力把源远流长的中华文明、博大精深的中华文化融汇到世园会的各个环节，积极传播中国园艺文化，让世界感知中国，让中国融入世界，积极营造“让园艺融入自然、让自然感动心灵、让人类与自然和谐共生”的山水大花园，推动我国由世界园艺生产大国向世界园艺产业强国迈进，为世界园艺事业发展做出中国应有的贡献。这里，我们撷取了国际竹藤组织、联合国教科文组织、北京建工园、上海秦森园林股份有限公司、万科企业股份有限公司展出的有关竹建筑的图片，以飨读者（图 13—43 至图 13—61）。

图 13—45　国际竹藤组织展园　北京园艺会

图 13–46　国际竹藤组织展园　北京园艺会

图 13–47　国际竹藤组织展园　北京园艺会

图 13–48　国际竹藤组织展园　北京园艺会

图 13–49　国际竹藤组织展园　北京园艺会

图 13–50　国际竹藤组织展园　北京园艺会

图 13–51　国际竹藤组织展园　北京园艺会

图 13–52　国际竹藤组织展园　北京园艺会

图 13–53　国际竹藤组织展园　北京园艺会

图 13–54　联合国教科文组织展园　北京园艺会

图 13–55　联合国教科文组织展园　北京园艺会

图 13–56　联合国教科文组织展园　北京园艺会

图 13-57　北京建工园展园　北京园艺会

图 13-58　北京建工园展园　北京园艺会

图 13-59　北京建工园展园　北京园艺会

图 13-60　双层曲面网格　上海秦森园林股份有限公司展览　北京园艺会

图 13-61　升起的地平线　万科企业有限公司　北京园艺会

第十四章
中国竹艺博物馆竹装饰赏析

浙江省东阳市是竹编之乡，东阳市内的横店影视城是全球著名的影视拍摄基地。2000年，横店影视城决策者在明清民居博览城内创办了中国竹艺博物馆，馆址选用了一座祠堂式的考究民居。这座民居建筑是清代传统的三进五间式风格，前中后有三进的院落，每进五间，石质立柱，梁枋厚重，显露一种古朴、幽深的遗风。中国竹艺博物馆的展品以竹编为主，为突出竹的属性，展馆用竹子装饰。设计者徐华铛面对传统的古民居建筑，决定让竹艺装饰的风格与民居的传统建筑格局接轨。

第一节
门厅的竹装饰赏析

设计者首先在第一进的门厅上做竹子装饰的文章，门厅有五间房子，为进门的缓冲区，活动区域较小，起到与正厅的过渡作用。竹艺创制者对门厅中的匾额、挂落、雀替、对联等元素，运用竹子来装饰，获得了良好的效果。

图 14–1　中国竹艺博物馆　设计徐华铛　制作史舟棠　应冬春

图 14—2 匾牌与挂落 中国竹艺博物馆 设计徐华铛 制作史舟棠 应冬春

匾额又称牌匾，反映建筑物的名称和性质，悬于门厅的上方，相当于古建筑的眼睛。竹艺创制者们巧用色泽统一的竹段，将其竖着排列成牌匾的形状，四周用棕色的花竹围住，然后选用郑板桥的书体，写出“中国竹艺博物馆”七个大字，用雕刀将馆名七个大字阴刻于竹段排列成的匾额上，字体凹陷处填以清新古雅的石绿颜色，铁笔金钩，古风朴朴。这块牌匾挂在挂落上端的额枋上，牌匾的字体衬着竹段的自然色泽，清新而悦目，十分得体。

匾是横着的，而对联则呈竖状。在半圆形的长竹片上刻楹联称为“竹对”，为竹刻中的大件，是我国南方较常见的一种竹刻书法艺术品。竹对宜用大竹，留四至五节，从中剖开，一劈为二，形成两块半弧形竹片，打磨砂光，即可奏刀。中国竹艺博物馆门厅两边的石柱上悬挂着一副竹对，上联是“艺珍琳琅引诗情”，下联是“竹屋清幽存古意”。艺人们依字进行镌刻，雕成阴文后，在字体凹陷处填以石绿色料，悬于厅内，古色古香，典雅而庄重（图 14—1、图 14—2）。

挂落是民居建筑额枋下的一种构件，常用镂空的木格或细小的木条搭接而成，其作用是装饰或划分室内空间。竹艺创制者们以简代繁，在挂落中采用了“步步锦”图案，由长短不一的细圆竹替代木条搭接，组成斗拼的横竖棂条格心，寓有“前程步步锦绣”的含义。下边紧密连接的是回纹形的圆弧，两者组成一道挂落花边，简洁疏朗，使图画空阔的上部产生了变化，出现了层次，具有很强的装饰效果（图 14—3）。

图 14-3 竹艺博物馆门厅上部的装饰效果

雀替是中国古民居建筑中的特殊部分，安置于梁枋与立柱的交接处，是承托梁枋的木构件；也可用在柱间的挂落下，成为纯装饰性构件。竹艺创制者用两种方法来创制雀替，一种是用5个长短不一的粗壮竹段，呈阶梯状拼镶在一起，竖的一边紧贴石柱，上端紧托横梁，如图14–1中石柱两侧的5个竹段；第二种则用长短不一的细圆竹斗拼成回字形图案，一面紧靠在挂落的下边，另一面紧靠在立柱边上，成为挂落与立柱间的一个过渡（图14–4）。竹艺专业术语称雀替为“勾子”，装饰味很浓，成为竹艺装饰的一个亮点。

图14–4　挂落下的雀替　中国竹艺博物馆

第二节 正厅的竹装饰赏析

第二进正厅是中国竹艺博物馆的主要装饰点，除去挂落、雀替、对联等元素的运用，竹艺创制者们以竹子为材料表现了民居中的隔扇、槛窗与栏杆。

“隔扇”是中国民居门窗最基本的形态，既高又长，它有窗的通透功能，又有门的开启、分隔作用，还能够采光和通风，故又称“长窗门”。这种高而长的隔扇左右相连，一扇接着一扇，不仅通透，还显出豪宅的气派。隔扇由三部分组成，上部为“格心”，中部为“绦环板”，下部为“裙板”。其中，格心的面积最大，用木棂条组成网格，以便采光和通风。中部绦环板较狭窄，作雕刻装饰。下部裙板的面积较大，由于在视线以下，雕刻相对来说少一些。创制者以竹代木，用大小、长短不一的竹段来制作隔扇，用粗直的毛竹作外框，牢固典雅；上部的“格心”用小圆竹斗拼镶接成方形、长方形、菱形等网格，空灵秀雅；下部的裙板用半圆的竹竿排列，规范而典雅（图14–5、图14–6）。

图14–5　竹子装饰的隔扇

图 14–6　隔扇　中国竹艺博物馆

“槛窗”又叫隔扇窗、半窗，是安装在槛框上的窗子。槛窗上半部和隔扇一样，有格心和绦环板；下半部去掉裙板，为砖砌的短墙，也有用木质的板壁。创制者用竹材制作槛窗，上半部的格心用小圆竹斗拼镶接成“灯笼锦”的几何图案，排列的横竖棂条中间留有较大面积的空白，犹如旧时照明用的灯笼，外形含蓄抽象。在古代，灯笼是光明和喜庆的象征，寓意“前程光明”。竹制装饰的槛窗用在民居的厢房、次间和过道的槛墙上，每间六扇，左右相连，排列在两柱之间，其式样和隔扇保持一致，保证了建筑外立面的规整划一，显得规整而典雅，空灵而秀气（图 14—7）。

图 14–7　槛窗　中国竹艺博物馆

图 14–8　栏杆

图 14–9　栏杆内的竹装饰

栏杆，也称勾栏，是建筑上的安全设施。栏杆在使用中起分隔、导向的作用，使被分割区域边界明确清晰。中国竹艺博物馆内的栏杆全部用竹子制作，由两根挺拔粗壮的毛竹竿作为上下栏杆的支撑，中间用圆竹竿斗拼的简洁几何图案充实，两个图案十分简洁，一是竖横两根竹竿的相接；二是正方菱形中风车纹的顶格。栏杆的下面填有竹节制成的图形承重，栏杆的两端制成鱼口，与两根圆形的石质立柱紧紧相接（图 14–8）。

正厅的竹子装饰，是一大看点。从外立面上看，槛窗、挂落与栏杆位于同一层面，并且纹样相近，有着上下呼应的装饰作用。而自建筑中向外观望，则在屋檐、地面和廊柱组成的景物图框中，出现了层次，组成一个有机的竹子装饰世界（图 14–9）。

第三节
精品屋的竹装饰赏析

中国竹艺博物馆中有几间精品屋，专门放置竹编的精致作品。精品屋中的“落地罩”“八角门”“月洞门”“天花藻井”便是竹装饰的亮点。

凡从地上一直延伸到梁或枋的花罩都可称为“落地罩”。竹艺创作者对沿着两侧的木柱和梁枋形成的三条边上均有装饰，为使落地罩清新悦目，所用的竹竿均经漂白处理。最上一层是挂落，两端沿柱下来用竹竿拼接成长方形、菱形的图案，至底部又向前方虚出一截，并在四边相交处增添一个三角装饰，使整座落地罩的里部成为一个大八角的造型，既空灵又美观（图 14—10）。

图 14—10　落地门罩

八角门中的“八角”为圆形与方形组合演变而成，体现了实用与审美的结合。中国文化崇尚“八”，佛教有九山八海、八神、八阵、八风等，道教有八仙过海等，“八”与“发”谐音，有发财之意。“八”的数字模式蕴含着极大、无限之意，彰显着博大精深的中国文化。这座竹艺八角门在精品屋的上梁与双柱之间，竹艺创制者从竹编“朗经十字编”中得到启发，对八角门框以外的格心部位用“朗经十字编”图案装饰，仿照竹编上下挑压的顺序，用一根根竹条编织成等距离的疏朗图案，新颖而别致。八角门的下端则是22厘米高的“踢脚线”，由棕色花竹竖向排列而成。中间的八角门框内心为木条，外包竹编贴面，两侧上下由漂白的竹条镶接，中间用棕色竹片围成钩子图案，典雅而精致（图 14–11 至图 14–13）。

图 14–11　落地罩与八角门

图 14–12　八角门局部

图 14–13　装饰内景

“月洞门”又称月亮门或月门，因圆形如月而得名，为中国古典园林与大型住宅中在院墙上开设的圆弧形洞门。这座竹艺“月洞门”在精品屋的上梁与双柱之间，既作为正厅与精品屋之间的出入通道，又可透过门洞引入另一侧的精品屋，兼具实用性与装饰性。竹艺创制者从传统民居门窗的格心图案中得到启发，对月洞门框以外的格心部位用“风车锦”图案装饰，在斜形的规整方格中，用一根根圆竹斗拼成旋转的风车图案，动中带静，周而复始。下端则是 22 厘米高的“踢脚线”，由棕色花竹竖向排列而成。中间的月洞门框内心为木条，外包竹编贴面，两侧上下由漂白的竹条镶接，中间用棕色竹片围成回纹图案，规范中蕴含活泼（图 14–14）。

图 14–14　月洞门

“天花”与“藻井”是两个概念，天花设在屋顶构架下，一可遮挡屋梁顶架下的尘土散落，称“承尘”，二可与屋顶形成相对封闭的空间，三是具有装饰作用。藻井通常位于室内的上方，呈伞盖形，由细密的斗拱承托，象征天宇的崇高。藻井上一般都绘有彩画、浮雕，同时装饰以荷、菱、莲等藻类水生植物，希望能借以压服火魔的作祟，以护佑建筑物的安全。天花与藻井一般用在上档次的殿堂、楼阁中，民居建筑一般不用天花与藻井。

中国竹艺博物馆有两间精品屋用了藻井，并都用竹艺装饰。藻井在屋顶中心向上凸起，四面为斜坡，成为下大顶小的倒置斗形。两间精品屋的藻井不同：一为四方藻井顶棚，一为八方藻井顶棚。藻井所用的竹段有两种色泽，一种是经漂白处理的白色，另一种为经过碳化处理的棕色（图 14–15）。

由中心向上凸起的两层斜坡中，都用经过漂白处理的竹段层层排列，向中间进行汇集，其边沿部分用漂白的竹竿包边；中间部分用碳化处理的棕色竹段作镶嵌，打破了单调，显得规范而整洁。

在藻井的中心，悬挂竹编制作的八盏悬挂流苏的宫灯，往八方延伸，不仅给人们带来了热闹与喜气，而且增添了传统文化的气氛（图 14–16、图 14–17）。

图 14–15　天花四方藻井顶棚　中国竹艺博物馆

图 14–16　藻井中心悬挂的宫灯　中国竹艺博物馆

图 14-17　中国竹艺博物馆内陈列的竹编建筑工艺品

尾声：
走向世界的竹建筑竹装饰

美不失雅，土不落俗。竹子这种清雅的建筑用材和新颖的中国竹构筑技艺，不仅在国内受到人们普遍而持久的青睐，而且还漂洋过海，大踏步地跨进了国际竹建筑的行列。20世纪90年代，杭州富阳工艺美术总厂创制的大型“花竹品茶厅”运往日本，参加中日茶文化交流800周年的纪念展览会。具有天然雅趣的竹厅，正好符合茶文化的幽雅气氛。整座竹厅大多用火烫过的花竹创制，长达30米，高3.3米，既可作茶道表演，又可展销的各种茶叶，因此受到日本民众的广泛欢迎。

德国、奥地利、瑞典、荷兰、美国等国家也留下了中国竹制艺人的巧思和巧艺。德国汉堡的一家报纸多次发表介绍中国竹制艺人用竹子进行建筑、装饰的文章，称赞其为“第一流的装饰”。奥地利维也纳的一家酒吧主人曾专程来到中国浙江，感谢竹制艺术家为他们装扮了雅致的酒吧。

值得一提的是本书编委、高级环境艺术师、竹建筑设计师曾伟人，长期从事竹结构设计、竹建筑研发。不仅在国内有很多他设计的竹建筑经典作品，而且还频频受邀去国外培训竹建筑技艺。2020年6月，曾伟人再次受邀去非洲卢旺达，一方面设计高难度的竹建筑，一方面培训当地的竹建筑技艺，其人至今仍在非洲。

中国竹艺装饰大师们，正通过对一根根普通竹子的艺术处理，传达出特有的意匠之美，使一根根翠竹跨越国界，和异国的风光互为辉映，相得益彰。竹子成了建筑装饰艺苑中一枝耐人寻味的奇葩。

参考文献

〔1〕徐华铛．中国竹艺术．北京：高等教育出版社，1993.
〔2〕徐华铛．中国竹刻竹雕艺术．北京：中国林业出版社，2007.
〔3〕徐华铛．中国竹编艺术．北京：中国林业出版社，2010.

作者涂华铛在书斋中

后记：

美不失雅　土不落俗

我是1978年开始与竹子结缘的，至今已整整44个春秋了。那年我到一家厂办的竹艺研究所搞竹子艺术的设计和研究工作。从此，我把整个身心交融在竹子里，我驾驭它，艺化它，竹子那种高风亮节的精神、潇洒飘逸的神韵，令我尘襟尽涤、清新盈盈。

此艺与竹化，无穷出风雅。40多年来，我设计并监制了上百件竹子艺术作品和竹建筑装饰工程。我挚爱竹子艺术那种质朴高雅、隽永飘逸的风韵，在我的竹子装饰设计中，我总喜欢把成篇的美文用书法的形式镌刻到用长竹筒排列起来的“方阵”中，或者将各种形式的竹刻、竹雕、竹编艺术品陈列在用竹子创制的博古架上。我认为，竹子艺术为环境造成的那种古雅高洁的氛围和清新脱俗的境界，是任何装饰形式都无法达到的。在中国横店影视城“中国竹艺博物馆”，在绍兴柯岩风景区“蔡中郎祠”，在上海的大型宾馆会客厅内均留下了我设计的竹建筑装饰工程，也为我的人生留下了清雅的底色。

山有竹，则山更青；水傍竹，则水越秀。竹子以其“依依君子德，无处不相宜”的超凡风韵和高雅情趣，形成独特的景观。因此，竹子在园林布局中一直占有重要的位置。竹制艺术家们更是直接把竹子当作建筑材料，以竹代木，最大限度地发挥竹子的材质美感，克服了竹子节多、腹空、壁薄不固的瑕疵，创制了融大自然于一体的竹建筑，如亭台、走廊、桥梁、牌坊、楼阁，使其和自然景观和谐地融合在一起。同时，竹制艺术家们还将竹子引入室内的建筑装饰领域，运用竹子天然质朴的和谐色泽，让支支秀雅挺拔的竹竿，挑起了室内建筑装饰的大梁，开拓出一个崭新的艺术天地，这也引起了国内外园林界、建筑界、旅游界人士的极大关注。

我曾编著出版过《中国竹艺术》《中国竹编艺术》《中国竹刻竹雕艺术》等竹子艺术方面的著作，前者还是高等艺术院校的选修教材。现在，在国家林业和草原局国际竹藤中心、中国竹产业协会和中国林业出版社的共同组织下，我与费本华研究员共同著述《中国竹建筑》这部专著，历时三年，终于完稿。

北京故宫倦勤斋内的屏风

在这部书稿中，我以历史篇、技艺篇、造型篇、装饰篇、鉴赏篇5个篇章，讲述了竹建筑有关的历史、文化、技艺以及室外建筑与室内装饰。兼顾传统，着眼现在，是我编著本书的宗旨。本书以大量的篇幅介绍了当代竹制艺术家们的室外竹建筑与室内竹装潢的作品，这是本书的主流，其中寄托了我对竹建筑后人的殷殷期盼。

美不失雅，土不落俗，这是我对中国竹建筑艺术的评价。竹子的室外建筑与室内装饰，既有传统的美好韵律，又有竹子的清新雅洁；既有田园风光中的质朴土味，又有传统书斋的潇洒雅气，受到人们的喜欢与推崇。现在，竹子的室外建筑与室内装饰，已逐渐进入寻常百姓人家，受到人们普遍而持久的欢迎。

在编著这部书稿的过程中，我得到了国家林业和草原局国际竹藤中心主任费本华、中国林业出版社副总编辑徐小英、竹建筑艺术家曾伟人以及中国竹产业协会的关怀和支持。曾伟人、高英、何华一、何素梅、何瑞芳、汪育锦、朱正来、孙茂盛、曲峤等也为本书提供了大量的资料。没有他们的帮助，这本书不可能如期出版，在这里让我以笔代腰，向他们致以深深的谢意。

编著一本书，特别是一本上档次的书，是作者文学素养与艺术造诣的结晶，对我来说，则是一次生命的燃烧。作为一本以“中国”打头命名的竹建筑精品书，面对的是浩瀚的中华大地，尽管我做了种种努力，但仍留下很多遗憾。特别是竹建筑的寿命不长，历经30年的竹建筑很难保存，历史上的竹建筑照片根本无法得到。而现在的竹建筑照片，由于所存时间较短，也难及时得到。因此，还有不少遗落的竹建筑明珠，在书外闪光。我诚挚地期盼广大读者给予推荐，尽可能多地把这些遗落的明珠拾起来，待再版时得到充实提高。

谢谢您的开卷阅读。

徐华铛

2022年6月于浙江省嵊州市东豪新村
10幢105室“远尘斋”

竹制五联拱桥　世界互联网大会乌镇峰会